SOTHIS PRESS

Sothis Press aims to completely reimagine the public domain book with an emphasis on universal access to captivatingly designed print editions. We believe that technology will enable every single book ever published to be perpetually accessible in beautiful print form. Sothis is beauty in ubiquity.

Printed and bound by CPI Group (UK) Ltd,
Croydon, CR0 4YY

www.sothis.press
1 Waterhouse Square, London, EC1N 2ST

Revolverate

Con una Prefazione Futurista

Gian Pietro Lucini

SOTHIS PRESS

ISBN 978-1-0365-1615-4

Revolverate is in the public domain.

This edition is published by
Sothis Press The company
is registered in England and Wales.
The Company Number is 14900389.

GIAN PIETRO LUCINI

Revolverate

con una Prefazione futurista

di F. T. MARINETTI

EDIZIONI DI "POESIA"
MILANO : VIA SENATO, N. 2
1909

Da un'atmosfera d'idee ancora confuse e caotiche, lampeggiò improvvisa una parola di fiamma che resiste oramai a tutte le raffiche:

"FUTURISMO"

Nelle colonne del *Figaro* io riassunsi, con laconiche e violente affermazioni tutto quello che il Futurismo significa, tutte le aspirazioni demolitrici della parte più giovane e migliore della nostra generazione, stanca di adorare il passato, nauseata dal pedantismo accademico, avida di originalità temeraria e anelante verso una vita avventurosa, energica e quotidianamente eroica.

Subito scoppiarono innumerevoli polemiche; avemmo difensori entusiasti e detrattori idrofobi, e ne fummo soddisfatti perchè noi amiamo la lotta ancor più della Verità.

7

« Al manicomio!... Pazzi!... Incendiarii!... » si gridò da ogni parte, in Italia.

Meno facili a sgomentarsi, meno vili e più sottilmente ragionatori, gli americani parteciparono alla discussione mondiale plaudendo risolutamente al Futurismo, e, pur lamentando come una loro debolezza la mancanza di una tradizione classica e gloriosa, essi lodarono quei figli della vecchia Europa i quali manifestavano alfine il bisogno di far *tabula rasa* d'un passato troppo venerato e troppo imitato. A Parigi, intanto, il Futurismo veniva riconosciuto come il più logico programma intellettuale di una gioventù virilmente educata nell'amore degli *sports* violenti. Ai manifesti e alle polemiche, succedono, ecco, i fatti: le opere dei Poeti.

È l'ora propizia.

Gli uomini ridiventano mitici! Le viscere della terra vomitano i mostri della velocità. Il ferro fossile cerca il fulmineo fuoco. Si onorano gli atleti, i corridori di stadio e di cielo.

La natura è un cumulo di portentosi amori che procreano le forze conquistatrici dell'Assoluto. Lo spazio è vinto. Le membra caduche degli uomini corrono rapide coi pensieri e danno la scalata al regno delle stelle come nei sogni del

Poeta.

Nasce dunque la nuova Poesia!

Al prorompere vertiginoso delle odierne correnti reali si accompagna un magnifico, vergine scoppio di energie ideali. La Poesia vuol cantare diverso ed universale. È l'età stessa che sospinge gli ingegni all'atto d'audacia e di speranza.

Il presente non mai come in questi tempi apparve staccato dalla catena genetica del passato, figlio di sè stesso e generatore formidabile delle potenze future. Le voci che si levano dal Mondo, i moti che il Mondo medesimo inaugura per opera dell'Umanità rivelata, suscitano echi e proiettano miraggi di meraviglia sulla distesa delle vicende a venire. Anche i profili delle cose, degli esseri, degli eventi sembrano mutarsi.

La Poesia di tutto ciò è presaga. I Poeti, del presagio, vanno spasimando. Oggi, più che mai, non fa dell'arte se non chi fa della guerra. Degne di gloria non appaiono che le fronti erette a violentare il Mistero, a gettare la sfida verso le mostruosità tentatrici dell'Impossibile. In Italia, nel paese di tutte le tirannidi intellettuali e morali, è sacro dovere combattere sempre e dovunque con l'arma della Poesia: di una Poesia libera, emancipata da tutti i vincoli tradizionali, ritmata alla sinfonia dei comizi, delle officine, delle automobili, degli aeroplani volanti. È, questa, l'unica impresa degna di innamorare la generazione successa a quella che fece la Patria sulle campagne del sangue. L'epoca delle battaglie non è finita per le anime essenzialmente italiane. Su questa divina terra i Poeti accettano di vivere a patto di essere ancora e più che sempre Eroi. E il Futurismo, scuola di eroismo e di ebrezza, è nato.

Del Futurismo, G. P. Lucini è il più strano avversario, ma anche, involontariamente, il più strenuo difensore.

Il suo spirito socratico, le sua cultura enorme, il suo isolamento doloroso dagli esseri e dai frangenti reali ne fanno un uomo che serba tenace gli amori per molte varie propagini del Passato. Egli ha dichiarato di non essere un settatore del Futurismo. E sia. Ma se non tali i suoi amori, tutti i suoi odî sono i nostri. La intera sua mirabile azione letteraria si risolve in un'avversione implacabile delle formule cieche ed impure onde così spesso la Poesia italiana, anche celebratissima, è andata rivestendosi, specie in questi ultimi anni di equivoca fortuna, e il Lucini ha strenuamente combattuto queste viete forme consunte, nella sua opera magistrale: *Il Verso libero*, che è senza dubbio una delle più alte, delle più sfolgoranti vette del pensiero umano.

Egli adora i libri dei grandi Morti come la secrezione ancora meno corrotta di questa corrottissima carne umana; e lo si deve comprendere. Tuttavia odia l'Accademia e tutte le sue bastiglie, e lo si deve esaltare; ogni suo conato letterario è come un gesto meccanico fatto per dare luce nuova ai fantasmi ed aria nuovissima alle parole; egli ha foggiato dei vocaboli diversi; ne ha accolti dagli idiomi stranieri; ha tracciato, spesso, negli impeti alati, i segni alla lingua che parleranno, un giorno, i nostri poemi più spasimati; del Verso Libero egli ha fatto, infine, una ragion poetica che sorpassa lo stesso valore della sua opera ed assurge a cànone di ogni evoluzione estetica per il futuro. Non distruttore, ma edificatore barbarico. Non settatore, sia pure: ma futurista bellissimamente perverso, suo malgrado; ma enigma di per sè stesso e con sè stesso; ma, perciò solo, giudice pessimo del proprio psicologico mistero; fossile, ammettiamolo, ma sbalorditivamente acceso. Perciò il Futurismo, che ama i riverberi delle fornaci, lo reclama.

Le nostre affinità sono grandissime. S'egli le nega ha torto: noi abbiamo ragione. E il volume che appare sotto la nostra bandiera, solo col suo titolo minaccioso e frastornante lo sta a dimostrare. Non si può sparare un'arma se non contro un bersaglio che stia davanti.

D'altronde tutto l'atteggiamento eroico di questo uomo, nella vita e nell'arte, prova la sua aborigena natura di futurista. Araldo dell'evoluzione letteraria, Gian Pietro Lucini ha sempre considerato il Verso Libero come il simbolo e lo strumento più naturale di quell'evoluzione. Egli fu, da giovanissimo, il provocatore più ardente delle prime scaramucce liberiste in Italia: paese nel quale (sono sue parole) la pigrizia della critica, il nessun interesse del pubblico, la mancanza di atmosfera sociale e di istituti politici favorevoli, l'eccessivo sospetto reciproco lasciarono svampare la tendenza tra molto fumo di parole innocue e tra molte risate, *riserbando (è nella speranza) decisioni vive e vigorose per un tempo meno manifatturiero e per una patria più libera.*

Ecco, quindi, subito, l'uomo che si è fatto, del futuro, la sua bandiera etico–politico–sociale.

Ma sentite, attraverso questa meravigliosa definizione del fenomeno poetico, tutto il valore esteto–futurista di questa tipica contraddizione intellettuale personificata:

« Ho usato, da giovanissimo, a dubitare dei maestri: volli maestra l'esperienza. Dal fatto che conosceva, estraeva le

12

leggi; ogni fatto rappresenta per me un tipo anormale; la somma delle anomalie, coi loro rapporti, significa la vita; e la vita ha leggi generali, a punto differenziali perchè è sintesi, nello scambio e nel ricambio, delle anomalie che popolano lo spazio e che esistono nel tempo. Così non mi accontentai affatto di quelle definizioni che i lessici competenti ed i professori mi sciorinavano sopra il *concetto di Poesia.* Per conto mio, sottoposi alla abituale dissociazione questo fenomeno d'intelligenza, questo modo di vivere del cervello umano, ed ai reagenti molto caustici della mia critica trovava che si scomponeva in due elementi primi e fondamentali: *Imagine* e *Musica,* come l'acqua si dispone alla elettrolisi ne' suoi due gas producenti, idrogeno e ossigeno. Tutto che in letteratura sarà Musica e Imagine, legato indissolubilmente, sì che l'una sia nell'altra compenetrata, ma non perda la sua natura, nè si confonda; sì che l'altra vesta la prima, non con abiti posticci, e comperati dal rigattiere, ma con giuste maglie e perfette guaine seriche e dorate, sarà Poesia.

« Non cerco misure prestabilite (versi), non seguenze numerate di misure (strofe), non assegnati e complicati modi di accento, di rime, di elisioni, di dieresi: ma è *verso, strofe, poema logico e naturale,* POESIA insomma, ciò che viene espresso con una ingenuità, o con una raffinatezza, in quel modo nativo e sonoro su cui la gamma risuoni e la plastica informi: ciò che rende un concetto ed un pensiero poetico in tutte le loro sfumature, in quel suono ed in quel colore per cui hanno vita e vibrano personalmente le idee presentate.

« .... *Io sentiva, così, di cooperare, colla mia opera e colla mia volontà, al bisogno che promanava dal tempo, alla necessità della mia aspirazione. Certo, in qualche modo era obbligato ad esprimere parole* che riguardavano al divenire, non al presente immediato. Ma colui che vuol essere attuale in qualche punto di vita, non può essere il contemporaneo, *perchè nel momento stesso nel quale egli pronuncia la sillaba, il fatto è già compiuto*: e sta cadendo nel passato chi vuol essere semplicemente ligio ad una verità oggi brillante, domani già annubilata, dopo domani tramontata per sempre. *Io amo la verità, che, come le stelle nascoste tuttora al telescopio e ricercate dal suo obbiettivo, esistono ma non sono ancora disegnate dalle carte del planisfero.* Sarà prossimo il giorno in cui sorgeranno sull'orizzonte: *e con più tardano a salire, con più duratura la loro per-*

14

manenza. »

Con questi criteri, Gian Pietro Lucini entrò, adolescente, a combattere nel torneo dei Poeti; fu subito un uomo d'armi tetro, vestito di ferro nero, panoplia imperterrita, vivente, pronta, piuttosto che a cedere, a morire nel suo chiuso ma lucido destino di lutto. Colpi ne diede, ne parò, ne accolse. Egli, per noi, resta, ancora oggi, come significazione ideale, la più misteriosa e provata figura guerriera della Poesia italiana scaraventatasi a mischia dopo il Foscolo.

Ma sappiate, oggi, dopo tanto, quello che ancora sente e confessa di sè questa nobile ermetica Maschera di ferro:

« Oggi torno a professare li stessi principii, come quando incominciai: ed ho l'orgoglio di una coscienza intatta e ferma e *la superbia di aver preveduto.* Delle voci giovani sento vicino ripetere, con altre parole, lo stesso motivo, ancora embrionale ma sincero ed intenso. L'altra generazione che ci segue è più audace, pretende di più, ci incalza e ci vuol sorpassare: ha fretta di mettersi in mostra, ma confonde volentieri, perchè è più facile, il successo col merito. Svampato l'impeto, saziato l'appetito, si fermerà a meditare: dopo, colle forze rinnovate ed allenate dalla avventura, potrà scoprire e divulgare altre verità forse opposte alle nostre e più

15

utili. *Non me ne dolgo; l'opera loro non può distruggere la nostra: la continuerà.* Alcuni adolescenti generosi si sono accostumati a chiamarmi *Maestro.* Ed ho paura di questo onore, perchè tra noi italiani, si fregiano calvizie e barbe canute, ed io mi sorprendo tuttora nello specchio, che raramente mi consiglia, con barba e capelli oscuri e pieni. *Il mio vezzo di guardare avanti sempre* mi svia le occhiate da quanto mi seguita: e la speranza mi sostiene oltre il merito. *Però non ho mai pronunciato verdetto definitivo che lascio ai preti ad ai legislatori. Tutto quanto si dice e si spera non può essere che provvisorio: è nella attualità un anello di congiunzione a collegare il trascorso col divenire. L'ideale umano d'arte è nel cammino indefinito.*

« Oggi, quando le dinamo sono gonfie di energia elettrica, trasformazione della forza di una cascata, e danno luce, fondono metalli; e vi è un entelekeja tangibile nell'atomo del radium che è la condensazione degli elettroni irradianti, oggi, al fumo delle officine e delle vaporiere, alle idealità libertarie, allo sforzo generoso delle ricchezze della mente e dei forzieri, alla grande inquietudine egoistica ed imperialista dei popoli ed alla cosciente generosità, al sacrificio divino del singolo per una conquista di scienza e di libertà: oggi, risuona consuona e dà il metro: il verso libero. Domani, conquistata e sicura la viabilità aerea, confusa la morte colla vita, fusi in una grande famiglia li uomini in pienissima libertà, l'espressione della lirica sarà la semplice parola comune e famigliare d'affetto e d'amore, la sicura parola mistica, riconfortata dalla simpatia universale; perchè l'uomo avrà consacrato a sè stesso, la sua eterna divinità e non potrà più temere di sè, dei fratelli, di quanto sta sopra il firmamento e sotto, dentro le viscere fucinanti della terra. La poesia sarà imperialmente sovrana, l'accento consueto della famiglia redenta dalla ossessione del dio e dei padroni per sè ed al proprio destino. »

Gian Pietro Lucini può anch'Egli combattere il Futurismo. Noi abbiamo voluto sorprenderlo in fallo con sè stesso, citando le parole più compromettenti della sua Arte Poetica, e soprattutto pubblicando i suoi versi nei quali squillano senza ritegno tutte le fanfare che hanno inspirato il Manifesto della nuova Scuola. Il che, in fine, è sperabile torni ad onore non meno del poeta discolo che dei suoi editori ed amici futuristi.

Noi, d'altronde, abbiamo comuni con lui, oltre a tante ribellioni estetiche, le rabbie che oggi maggiormente urgono nelle nostre vene, e cioè l'odio per ogni forma di politica

17

pacifista e l'esecrazione dell'Austria.

Volgono anni di diplomazia vigliacca. Serva è più che mai l'Italia al Pangermanismo, che cova gli eventi per calare, orrendamente barbaro, contro l'anima sfolgorante degl'italiani *vivi*. E noi, con sulle labbra i versi esplosivi di Gian Pietro Lucini, affrettiamo l'ora divina in cui potremo, ancora giovani, scagliarci sull'orme eterne di Garibaldi alle balze del Tirolo, e, a costo della vita, accender fiamme di bandiere spiegate, su cataste di cadaveri austriaci, rovesciati nel sangue, giù dalla montagna.

F. T. MARINETTI

18

AUTOLOGIA

Al posto del solito ritratto

19 19

Capelli folti e barba intonsa e bruna;
ampia fronte; occhio chiaro e scrutatore;
sopra alle rosse labra si raduna
coll'ironia sarcasmo sprezzatore.

Parlar breve: commetto alla fortuna
del Tempo – e Gloria incalzo – il mio valore;
ed alla solitudine opportuna
corpo 'deforme e sereno dolore.

Col riso schietto suscito diane
allegre ed in silenzio m'appostillo;
sdegno le pigre bugie cotidiane.

Fiero, iracondo, tenace, cortese:
il Bene e il Male abburatto e distillo;
più che amicizia eleggo odio palese.

Solaro di Varazze, il 28 di Dicembre 1907.

PER CHI?...

23

Per chi volli raccogliere
questo mazzo di fiori selvaggi;
stringerli in fascio nel gambo spinoso ed acerbo?

Tutti i fiori vi sono di sangue e di lagrime,
raccolti lungo le siepi delle lunghe strade;
dentro le forre delle boscaglie impervie;
sui muri sgretolati delle capanne lebbrose;
lunghesso i margini che lambe e impingua
il rivolo inquinato dai veleni,
decorso, dal sobborgo, alla campagna.
Tutti i fiori vi son, che, pei giardini urbani e decaduti,
tra le muffe ed i funghi, s'ammalan da morirne,
e li altri che sboccian sfacciati e sgargianti,
penduli al davanzale d'equivoci balconi meritrici:
tutti i fiori cresciuti col sangue e colle lagrime ai detriti.

25

Per chi io canto questi fiori plebei e consacrati
dal martirio plebeo innominato,
in codesto sdegnoso rifiuto di prosodia,
per l'odio e per l'amore,
per l'angoscia e la gioja,
e pel ricordo e la maledizione,
per la speranza acuta alla vendicazione?

Ed è per voi, acefale ed oscure falangi,
uscite da un limbo di nebbie e di fumi,
tra il vacillar di fiamme porporine, in sulla sera,
dai portici tozzi e sospetti di nere officine?
ed è per voi, pei quali non sorride il sole,
schiavi curvi alla terra, che vi porta,
e rinnovate al torneo dell'armata,
ma non vi nutre, vostra?
ed è per voi, pallide teorie impietosite
di giovani, di vecchie e di bambine
inquiete tra la fede e i desiderii,
tra la tentazione della ricca città
e il pudor permaloso della verginità?

 26

Per chi, per chi, questa lirica nuova,
che bestemia, sorride, condanna e sogghigna,
accento sonoro e composto dall'anima mia,
contro a tutti, ribelle e superbo,
in codesto rifiuto imperiale d'astrusa prosodia?..

Varazze, il 27 di Marzo 1908.

SCHERZI

« Che pensa intanto la Nazione? Che fa? La Nazione è in capo della via, sdrajata sui ciottoli, perchè non ha letto migliore: ingoia i suoi maccheroni, o sorbisce la broda, beve la cioccolatta se lo può, fuma lo zigaro, se la rivoluzione glie ne lascia uno; guarda almeno quanto non le si può togliere, il suo bel sole, il suo bel cielo ed il suo bel mare; guarda anche la rivoluzione che passa, palleggiando bandiere rosse ed orifiamme verdi, gridando e leggendo li articoli delle gazzette sovversive; ma ahimè, se comprende, non si muove e si imbruta nella sua indolenza. Il cuojo bovino delle tue spalle, Nazione miserabile, non si trapassa colla palla d'un fucile, ma è punto sotto le orecchie, sulle labra, o nelle parti delicate sessuali, dall'aculeo della vespa; ed allora il pachiderme politico s'irrita e si muove. »

D'Arca Santa, *La Fisiologia dell'Egoismo*, cap. XIIJ.

29

La Canzone del Giovane Eroe

« Ils arrivent du claque ou bien des seminaires,
Fils de cocottes chez les oblats éduqués ».
L. Tailhade, *Au Pays des Mufles.*

« La Victoire, aujourd'hui, leur montre le chemin,
Et des boxons épars leur ouvre la barrière.
Vivat! Le copahu rencherira demain ».
L. Tailhade, *Conscrits.*

« Le Patriotisme, fiction cadastrale et mélodramatique, suffit à lui donner l'illusion de sa virilité sociale. C'est la plus haute expression du panbéotisme contemporain! »
L. Tailhade, *Patriotes!*

31

Canzone, soffermati,
accogli la voce
gioconda e marziale
del giovane Eroe,
agnello mansueto per le sale,
e, nella mischia, intrepido e feroce.

« — Signore, sono l'Eroe autentico,
quello vivo, splendente nell'assisa,
alle cui braccia la Patria si affida,
sicuramente,
come la vostra noja si confida
al soffice riposo della poltrona.

Signore,
sono l'Eroe;
quando le sorchie vanno in amore,
inforco il destriero, risuono
di sproni, di sciabola e d'albagia.

Venni d'Africa orrenda e tenebrosa,
gesta racconto omeriche:
passione italiana Orlando e Ruggero incitare
nell'eroicomico poema militare.
E vengo dalla China:
per sè stessa indovina, Madame Chrysanthème
seppe far casa polita, però....
i sopracciò della diplomazia
mandaron navi, cannoni ed armati,
presti Modugni internazionali
e prestatissimi generali.

Fui là giù e son qui,
Palo di ferro, per servirsi al punto.
Se ho fatto la sciocchezza d'ammogliarmi prima,
con qualche insipida e provinciale ragazzina,
un suicidio provvidenziale, mi die' la spesa del funerale,
ma mi fè libero di convolare a nozze più decenti.
Eccomi, dunque. In previsione,
vi ho recato bottino, Signore, pesante,
perchè disprezzo un poco la professione
dello straccione Cavalier errante.

34

Riportai intatta la virilità,
l'ho riserbata a voi ed alla Patria:
posso offrirvi per dono
babbuccie ricamate, aspre di perle,
grandi vasi di *vecchio Giappone,*
in torno a cui s'avvoltola un dragone,
le fauci spalancate e l'ali aperte,
lacche e avorii scolpiti,
un piccolo *bazar di chinoiseries*
tutto per voi e.... il resto oh,... *m'amies!*

Perciò desidero d'andare a Tripoli,
pacifico guerriero,
per procacciarvi stoffe, arazzi, cuscini,
nielli damaschini, artifizii novelli ed orientali
d'aggiungere in collana ai vizii europei delle guarnigioni,
per ritentar, con voi, sopra a queste dovizie,
in mille modi e svariato costume,
paradisiache blandizie, quella faccenda,... sì...;
lasciate dire;... non arrossite così.

Per le Dame che fanno le preziose
ho drappi del colore d'amaranto;

35

per le troppo pudiche
lunghi veli di seta sul talamo;
per le sfacciate, ecco larghe conchiglie di sete rosate
a paragone delle membra nude,
pallide, ambrate, vive giunchiglie:
per tutte, fiori a profusione,
profumi, carezze, sollazzo.
Ho un gran palazzo in fantasia,
e molta cortesia.

Signore,
sono l'irresistibile;
alla punta de' baffi si aduna,
col fluido d'eleganza, il magnetismo e l'attrazione
per la maschia prestanza.
Le mie pupille ladre
brillano come le spalline d'argento,
donde schiumeggian le spesse ciniglie
in sulle spalle quadre d'Ercole adolescente,
e fan da ruba cuori.
Sono l'irresistibile;
passai tra le battaglie indisturbato,

36

sorridendo e giuocando col mughetto.
che la bella mi aveva donato,
arcangiolo corrusco e impomatato,
nobile Alfiere de' Lancieri del Re.

Badate a me:
posso offrirvi una notte di amore?
L'ozio m'irrita della caserma,
la cavalcata mattutina mi eccita,
il fruscio delle gonne mi snerva;
amare, Signore, è necessario,
come combattere, come.... conquistare
colonie alla Patria che attende e conserva,
sul libro della storia, la nostra gloria.

Oggi, le nubi vanno e poi ritornano
varie d'umori e di colori,
fumo leggiero e inconsistente, fumo di Parlamento.
Sul si e sul no ambigui,
credete a me, amiamoci con squisita innocenza
Ecco, Signore, in molta confidenza,
dentro al cerchio sottile dell'orecchio,

 37

padiglione di morbidi secreti
seminascosto dai biondi riccioli,
posso io confidare parole, consigli e voluttà?...
Non arrossite, Signore, non iscordo
l'obbligo mio di nobiltà.

Camere ammobigliate
e cene in *cabinet particulier*,
per le borghesi; vino d'Asti e *sandwichs*
ripieni di prosciutto e di caviale,
ostriche di Taranto per le ballerine;
tartufi a discrezione.
E poi, che fa?
Venni d'Africa orrenda e tenebrosa,
e venni dalla China;
mi sono conservato,
ho provveduto, eroicamente,
al mio a venire ed alla magnificenza della Nazione,
per nostra mutua soddisfazione.

Signore,
tra le quattro e le sei, nell'ora psicologica,
posso offrirvi un rinfresco d'amore? — »

Canzone, confessa che alla guerra,
si mangia bene e non si dorme per terra.

39

La Canzone della Cortigianetta

« .... reff de socchett.... »
Carlo Porta, *On Strioss*

« Teintes de fard, d'antimoine et de céruse, avec force chignons couleur de safran ou de henné ».
L. Tailhade, *Un souper chez Simon.*

« Μορφὴν γὰρ πορνὴν κέκτηκαι θηρίον ἢ Γοργόνη ».
Divus Epiphanius.

« — P'ssitt.... hé mignon.... écoute un peu?
Prête-moi deux ronds, va.... laiss'-toi faire..
Viens avec moi?... qu'y a un bon feu.... ».
Jehan Rictus, *Pierreuse.*

41

Canzone, se ti attardi
nei Caffè di mezza notte,
quando corruscano di lacche e di specchi,
d'argenterie, di marmi e porcellane,
ai mille becchi de' candelabri di cristallo e d'oro,
e sciaman di ragazze in *decolletées*,
di *souteneurs* e di gaudenti;
Canzone, ascolta,
tra la fucileria del bacchico *champagne*,
canto giocondo ed arrochito:
raccogline le note, conservane i versi,
dedicalo lezione alle adolescenti
della fervida e nobile Città.

Canzone; questa è stramba parata urbana,
che sgola una Fata discinta ed ebra un poco:
discese, Cenerentola, un giorno da una fiaba estemporanea
tra i gatti e i passeri dalla grondaja,
per infilar la seta nella cruna astrusa,

e puntar l'ago contro il ditale,
e il filo dentro ad un raso nuziale:
Canzone, lascia cantar la Fata
con un nodo di pianto alla strozza,
col riso che singhiozza tra le lagrime.

« — Per la più facile felicità
sono, fra voi, autoctona regina della moda,
per l'ambizione del giovane banchiere,
e l'arroganza del biscazziere.
Oggi, ho imparato, in breve scuola,
ad offrirmi, a fuggire, a tentennare,
a bilanciarmi in sull'ambiguo giuoco della parola.

Qualche volta mi pesa la bugia;
mi dolgo; è lievito del tempo antico ed abolito,
che fermenta e pretende intumidirsi,
rammarico, ricordo, inattuale pretesto a piangere.

Davanzale del piccolo abbaino,
sporto sul tetto a cappuccina,
primo ad accoglier il sole a mattina,
erto sopra le tegole a guardar l'oriente intenerito;

pensile giardinetto di quattro vasetti
dove sfiammavano insanguinando il verde
garofani plebei, garibaldini spavaldi e procaci;
minuscolo divano dove imparai
le prime lagrime e i primi baci,
e sopportai le prime prurigini moleste;
cameretta inondata di luce,
dove in un vortice brunito d'acciaio,
battevano al volante l'agili membra della silente machina,
svolgendo il filo del mobile rocchetto
e regolando l'impuntura all'ago,
dentro alle stoffe, isocrona e perfetta;
o cameretta, dove a me piacque
numerare sul ritmo dell'ordigno,
il batter nell'arterie, dal polso al cuore,
del mio giovane sangue caldo ed eletto:
colazioni frugali, sperso l'occhio al frullar breve dell'ali
dei passeri sul tetto, al dondolar del ceppo di garofano,
sui lunghi steli; ozio breve, gustato in fretta;
sognar lontano, presto risvegliato;...
antica istoria: tutte le sere udite
Mimì Pinson gorgheggiar *La Bohême.*

45

Ma la crisalide si fa vanessa,
farfalla splendida multicolore;
e il bigio bozzolo che l'ha incubata,
in una palazzina delicata.

Eccomi esperta cantarina apocrifa
col pretesto di ricche acconciature,
sopra li avvisi a finger le avventure della ribalta:
ed eccomi a recare cure e pazienza per tutti i gusti
sì che i più frusti vengono a me.
Sono un albergo ad insegna cortese;
se muto stile, cognome e pretese
rinnovo i desideri.
Dovunque mi presento come vuole il costume;
tutto quanto posseggo in carne viva
vi offro e vi dò sotto la veste a scialo
e sotto la camicia trasparente,
come un miraggio all'imaginazione
per la lussuria grassa della gente.

Eccovi il volto che il rossetto avviva,
oh! quante volte come triste e smorto:

46

sbatte il ventaglio ed agita le lunghe piume bianche,
al capo reclinato; cercan riposo e schermo
alla luce, alli sguardi, all'insistenze le mie pupille stanche;
colle palpebre basse, cerco dimenticarmi.
E udite risa che scrosciano a trilli,
gorgoglian soffocate sotto una furia di baci improvvisi,
scendono, mancano dentro la gola,
fremitano nel collo col singhiozzo....
oh! quanta angoscia di risa convulse,
quanto soffrire per la voluttà.

Borghesi, io vi balocco: re di corona, a me:
sovverto l'ordine, la disciplina,
ed il burocrata a me vicino torna bambino.
La mia carne è ingemmata,
le membra ammorbidite e stilizzate
a richiesta dell'epoca:
i petali di rosa son meno teneri e profumati
delle mie coscie;
il mio piedino detta la legge;
l'indice teso segna una vittima;
il monosillabo condanna a morte, se nega e rifiuta.

47

Cammino e regno:
le scarpine lingueggian dalla gonna,
orme suggellano ne' cuori molli, e nella polvere;
i fianchi ondeggiano al passo ritmico e birichino;
s'inarcano le terga in curva callipigia;
scutrettola la trina dello strascico,
coda occellata d'Imperatrice e di Sirenetta.
Domino; attraggo; respingo e mi prometto:
spargete fiori sul mio passaggio,
nobili e grandi d'ogni lignaggio;
rido, ed ancheggio e sbadiglio:
son la bellissima fatalità.

Sono l'Eterno biondo Feminino;
colle mani propino affusolate,
che il manicure mi ha raccomandate,
filtri che odorano di sortilegio,
carezze irresistibili,
esca, ragna ed agguato prelibato.

Borghesi, io vi balocco;
come un giorno mio padre pitocco,

48

che, ad ingannar la fame,
ballonzolava pietre in sulla strada
dall'una all'altra mano
e le stringeva in pugno,
guardando al di là delle siepi i giardini
colmi di frutti maturi,
e, in sulle panche, sotto le pergole,
soffici cuscini per li ozi sicuri.

Sono l'Eterno biondo Feminino;
per una sessual complicità
non so tenere il broncio;
sporgo sempre il bocchino:
risuggelliam la pace,
è l'oblìo che rinchiude il secreto dell'anima ancora,
che serra, nella carne colla carne, le porte
alla vita impaziente, e lo conserva sino alla morte.

Ma a te solo, che sei là giù in fondo e mi guardi
coi grandi occhi pensosi e conturbati,
ho riserbata una verginità, Signore, insospettata.
Dirò a te, che comprendi, le nostalgie inutili,

49

le reticenze, le angoscie, le pazzie,
i desideri vani e le impossibili malinconie.
Ed odimi, Signore, finchè mi regge il cuore
dentro a questa tormenta che sembra giorno calmo;
ed odimi, amico di pietà sincera,
nella bufera de' sensi e de' capricci....
assicurarmi la profezia.

Fra poco scenderò larva crepuscolare,
se il sol di mezza notte contrafatto non mi giova più,
sciupata rondinella delle strade.

Sarò il rifiuto della grande Città:
quando piove ed abbrivida la sera,
quando le gocciole, sotto ai riverberi,
sembrano spine d'argento a pungere
contro il fango, la carne ed il cuore;
sarò l'ombra vagante e pandemia,
che scivola con passo pornografico,
per le viuzze e i trivi tentando *pis, pis,*
come un richiamo e come una preghiera.

 50

Sarò, sotto ai fanali de' passeggi pubblici,
al primo che mi accolga e non s'accorga
del mio volto disfatto, dell'abiti stinti;
sarò all'affamato per lungo digiuno
per chi paga, t'insozza e ti disprezza.

Sarò l'illusione dell'amore,
per rinnovare, offertorio di grazia,
la mia sapienza ringiovanita,
all'imberbe che spasima e si disseta,
febrile, spaventato, come a una prima notte,
sacerdotessa compresa e insoddisfatta,
vergognosa e crudele maestra di vita.

D'oggi a dimani sarò il vituperio
de' vostri ricchi vizii, decaduta;
sarò le vostre passioni, inconfessate;
vi verrò in contro colle mani tese,
non mi vorrete conoscere più.
Vi ricompenserò coll'odio e col veleno,
che distilla il mio sesso e che mi abbrucia;
passerò su di voi, sulla vostra famiglia,

51

come il castigo, come l'uragano,
larva di disonore e di fanghiglia,
come un angiola nera di vendicazione.

Ora ridiamo; ho i miei biondi perchè
innumerevoli testardi e ricci
e folti e varii e molti come i ricci
de' miei capelli foggiati in topé.
Tu, Signore, pensoso e conturbato
fammi portar da bere acqua ghiacciata.
Non ci badare, tutto è passato; sono momenti di debolezza,
vengono e vanno colla tristezza
e il lungo brivido di mezza notte.
L'estetica ironia stelleggia il cielo
oscuro, in curva sui campanili;
nei cuori pigri e spenti suscita incanti
sciupa parole alate
sopra il belletto delle labra esangui. — »

Canzon bella e sfacciata, con fervore,
se ti piace, di' pur: « *Qui regna amore* ».

52

La Canzone del Giovane Signore

« Lengua de adulator,
Gengiv de fornitor,
Crani de becch content, e on soraoss
De lader all'ingross ».

C. Porta, *On Strioss.*

« Ce bourgeois qui récapitule,
— Etant ladre, mais folichon, — ».

L. Tailhade, *Ballade touchant l'ignominie de la Classe moyenne.*

53

Canzone, mettiti in gala.
Vedi un palazzo nuovo di stile *liberty*,
cemento, ferro, majoliche e gesso;
per mascheroni e cariatidi
fragili volti assessuali,
vergini magroline, eccitanti e perverse:
oggi l'inauguran con danze e festini.

Canzone; scolacciate e ridenti le Signore
ripetono li inchini delle contradanze,
nell'ampie sale troppo dorate
che siton la vernice;
tra i seni scoperti agonizzano i fiori
allevati in serra,
sotto il sudore si dilegua il liscio,
s'immela alla pelurie delle ascelle.
Qui i *fraks* raggiustano il busto ai Signori
a cui difetta l'anatomia;

55

le smaniglie, li anelli ed i diademi
rialzano il prestigio dei frigidi cuori.

Scialo d'ipocrisia, Canzone plebea:
lustre di buon costume e di soda ricchezza;
il rubar nelle Borse e in sul lavoro altrui
si comporta nell'inno simbolico
del ben lisciato giullar contemporaneo,
se versi declama gabriellini,
al giovane – Mecenate – commendatore.
Canzone, attendi:
sporgono i pettorali
sotto lo smalto della camicia insaldata,
il gesto porge grazioso e partecipa,
tra un presto lampeggiare de' ceselli,
ai vieti ritornelli della retorica alimentare.
Tu interpreta, se puoi, e commenta la lirica;
foggiane un'altra a paragone,
per il trionfo del *parvenu*.
Questo solo ti è lecito oggidì;
ma quando l'Epoca farà ritorno
sullo zodiaco insanguinato,

56

segna poeta, padrone e brigata
alla corvata del contrapasso:
per vendicarti, un giorno, accontentati qui
della sceda incruenta, umilmente, così.

« — Rappresento i miei pari:
eccomi, Gentiluomo, a paragone
ultimo e primo stipite di mia generazione.
Alla spontanea mia nobiltà
creai, di fantasia, questo blasone:
corna di becchi in croce con lucidi bisanti,
soppannato in damasco rattoppato,
lo cima un grugno impiumato a morione.

Sono il Saccard, il Rocambole allegro e dispensiero
della postrema civiltà, Signori;
ho peso nel Consiglio delle Banche
e nei salotti della Prefettura;
governo sui commessi come un ministro,
sopra i *jokeys* e i *bookmakers*, scozzone patentato;
dispongo de' garretti de' cavalli
e delle coscie delle ballerine;

57

sto, colle mani scabre di brillanti,
a invigilar la cassa, basilisco mondano;
gioco sui titoli freschi e stagionati,
sull'alea del telegrafo bugiardo,
Demiurgo del rialzo e del ribasso.
Porto camicie stirate a Londra e panciotti sgargianti;
muto ogni giorno tre paja di guanti,
accordandoli al colore del momento,
dal *chamois-chaudron* al *blanc-glacé*;
pretendo al Parlamento e al Latticlavio;
svengo di tenerezza alle fotografie
della Real Famiglia, ben disposta al grazioso obbiettivo,
pel lenocinio de' ritratti ambiti,
venerazione di tutta la Nazione.

Fui in commercio fortunato e facile;
ed ho dimenticato il nonno girovago merciaio,
ed il padre usurajo, e lo zio biscazziere,
la zietta bellissima, ex-modella e *cocotte,*
e la mammina, in oggi, dama autentica,
figlia di un vecchio portiere putativo,
specifico motivo assolutorio per una gravidanza

 58

frutto di cameriera e di duchino....,
sapete; sangue misto, rifornito di globuli rossi
colla opportuna selezion naturale,
riconfortata, nell'utero capace,
della plebe servile e venale.

Dimenticai il rigagnolo e la fogna,
che mi fluttuan dentro le vene;
ricordo, invece, prospettive lontane e serene
di parchi nobiliari, di saloni barocchi e secenteschi,
di porticati a ogiva, ampii e freschi
al gorgogliare e al getto capriccioso di fontane sapienti in
[*rocailles.*
E comperai, per ciò, poco fa, una bicocca
tenuta in sesto dall'edera poetica,
di bel garbo romantico sotto la luna,
alla fortuna di pergamene maliziose e apocrife,
per avere il maniero, come si usa;
e vi disposi, dopo i restauri,
galleria di quadri falsi e celebri;
vi convitai le attrici ed il principe in voga;
e vi ho fatto ammirare
spurii stalloni, poeti posticci, e fame d'oltre mare,

 59

anfitrione di bardassa astrusi,
che bestemiano inglese
e imitan l'irochese nella inurbanità;
ospite, a parassiti inconfessabili;
compromesso bastardo e vigoroso,
secreta cura e sospiro ed affanno,
a quarant'anni, di tutte le marchese di provincia,
isteriche e spiantate,
intelettuali – ignoranti,
pulzelle e maritate.

In compenso, Signori,
ho tutti i regni d'Europa in tasca;
volgono al mio passare, come vagella la frasca
della smilza alberella, intenerita alla brezza d'aprile.
Ho scritto *a mastro* sul *Dare* e sull'*Avere*,
con postille sintetiche e severe,
la fatale sentenza, alla scadenza,
di tutti i coronati e presenti e passati,
dal re del Belgio, vecchiardo insatirito,
al re di Serbia, spiccio assassino cortese:
e in *frak* sobrio e nero, –

60

un sospetto, all'occhiello, di nastro sottolinea,
l'ironia bianca e rossa come una ferita che s'incancreni,
ed una perla enorme allo sparato, –
sono, nella parata, il più grande di tutti,
senza uniforme e senza maggior decorazione;
Sua Maestà la Firma del Milione,
Ipocrita e Imperiale Borghesia.
Sono il più forte, ebreo, o cristiano,
distributore cosmopolita, compreso ed avveduto
di pace, di guerra, di bel tempo e d'uragano,
come un perfetto Domeneddio,
o un Allah musulmano.

Ma, pregio per moda viaggiare in incognito;
Proteo multiforme, preferisco mostrarmi
come il biondo padrone delle fabriche,
che avvelenan di fumi e di miasmi
i campi suburbani e i rivi torbidi.
Perchè son la Città ora riassunta,
da me specifico cittadino assurto alla gloria civile
dalla scontata generosità della serata del Pallamaglio;
questa Città che intruglia dentro ai talami altrui,

61

la tentatrice, corrotta, tentaculata,
dai mille occhi di fiamme e di bragia,
dalle mille scintille de' monili,
artificiate stille di vetro e di similoro;
la Città polverosa e fracassona,
iridescente di princisbecchi,
cortigiana e lenona,
per le intontite galloppine anodine,
ritte davanti alle ricche bacheche,
col singulto invidioso che lor si rompe in gola,
i borborigmi nel ventre vuoto e piatto;
la Città che civetta dai Caffè,
lungo le sere primaverili e ambigue, naturale perchè,
anticamera aperta ai bei salotti della prostituzione.

Così, li avi rivivono in me,
quelli della crociata, li altri del lavandino,
conquistatore, compreso satirello di lussuria.
Accampo pretese da don Giovanni:
sono l'Eterno Mascolino snello,
tra i diciotto e i trent'anni invidiato
dai giovanotti senza avvenire,

se audace corro lo *steeple–chase* mondano,
con ben quotato *pedigree* ed arnese,
e scarselle guarnite pel viaggio al morbido paese.

Però, non son difficile, ma bramo rimutare;
che il sesso fa quando gli è dato;
non son geloso, nè permaloso;
sto sul peccato e la virtù;
servo la sposa e la vagante,
sotto l'alcova e sotto le piante;
e colgo, nei giardini della pubertà,
fiori di carne polputi o magrolini,
per l'incremento della civiltà,
secondo il gusto, il costume e l'istante.

Ma mi rispetto; mi guardo e mi preservo:
mento, per l'amministrazion di mia persona,
tre volte in ogni giorno ed a tavola e in letto,
per conservarmi la pace ed il diletto,
malthusiano convinto e perfetto.
Poi che alla ragazzina, trascorsa veloce una stagione,
come un profumo, per la mia noja,

tra uno schietto sorriso e un incanto di lagrime sincere,
pago l'anima e il corpo colla tirchia cambiale,
e annullo gravidanze importune e grottesche,
col riasciugare li occhi alla pezzuola
della bianca polizza di un magro capitale

Pagare è il gesto archetipo;
saldar colle monete la ferita alla verginità;
pagar atto di farsa e di bottega,
soluzione pacifica, che abborre dal drama rivoluzionario;
che porge, con malizia il *si* ed il *no*,
sopra l'intrico di un *qui pro quo*,
coll'intervento del tabellionato.

Ed è qui, che mi attendono al passo
le Pizie pescatrici e prossenete
alla foja de' vecchi; qui, coi prospetti delle obbligazioni,
se cadrò nella ragna ordita ad uccellare
il mio vizio insistente, bagascione emerito e canuto;
se, per un gusto più astruso e più ottuso
per riodorare un bocciolo più chiuso,
vorrò stimolanti squisiti

 64

di tenerelle bambinette rare,
angiole candide, che s'imbrattano l'ale
a stramazzar nei promiscui cortili;
angiole accolte, in una sera d'orgia,
sul morbido guanciale spiumacciato,
previo un bagno di latte profumato,
olocausto proteso e ubriacato dal facile *champagne;*
equivoche pulzelle scozzonate
dai taumaturghi di un posticcio imene;
sì che alla burla barbara
più deplorata è l'inutile spesa.

Io sono tutto qui, o Signori, vi esprimo;
fiero protezionista ed uomo d'ordine,
non vado in chiesa e pregio la Santa Religione;
vanto il liberalismo del *Corrier della Sera* vescovile,
e mi reggo col soldo, colla legge e la truffa:
calo la buffa nelle lotte civili per non farmi conoscere;
uso de' prestanomi in losche società.
Desidero morir, come conviensi,
paralitico osceno, salvando la morale,
l'occhio spento, le mani rattratte,

 65

cencio d'uomo sbiancato e miserabile,
a pubblica e lodata edificazione,
colla assistenza estrema dell'estrema unzione
e magna pompa di funerale.

Oggi, sorrido ancora, un poco voltairiano:
sopra larghe e imbottite poltrone si sdraja,
al banchetto capace, sbottonata la mia tonda ventraja;
e, infusorio sociale, mi coltivo
nei tiepidi brodetti dei fallimenti,
o nelle gelatine in accomandita,
biondo *dandy* monocolato ironico,
porta-bandiera invitto della *Associazione Costituzionale.*

La lancia dorata scintilla nel sole;
i tre colori spampanati al vento
attestano il trionfo della prudenza e il grosso dividendo.
Suonin le trombe! È la Patria che passa
palleggiata da me nel suo trofeo,
tessuta in sulla tela crocesignata e nuova,
miracolosa prova della mia potestà.

66

Riavvolto nelle pieghe del gonfalone,
il volto glabro, pallido d'emozione,
ben pettinato e biondo d'acqua ossigenata,
prezioso ostensorio, per antonomasia,
vero Padrone,
sono il campione dell'italianità.
La mia tuba risplende come per gemme rare
col triplice riflesso dei moerri:
porto la tuba come una tiara, meglio di una corona,
nelle permesse dimostrazioni
al patrocinio armato delli sgherri — ».

Canzone, compiaciti, accogli il Peana.
Ama, riamato, questo signore.
L'estetica si gode de' baffi provocanti,
dell'adipe compressa e castigata dai panciotti bianchi,
dai *financiers* sapienti lusingatori,
come, nei cimiteri ai bei sarcofaghi,
che serran le carogne, si compiacciono i fiori.

Ciborio pratico della felicità
tutto questo ti porge la Città,

67

tra uno scherzo e un delitto,
tra un bacio ed un conflitto,
tra la fame e lo sfarzo insolente,
tra la tapina errante
e la sposa leale e fiorente.
Puzzo di vipere, odore di rose!
Stelle e diamanti chimici,
larghe invidie, contese e pretese;
dissolutezza, avarizia e generosità;
tutto questo, la grande Città;
elegante rumorosa,
monumenti menzogneri,
ulcere ricoperte di velluto,
ciarlatani e bancarottieri.

Bada e rifletti, Canzone, in cortesia;
ripeti sempre la palinodia:
« Il Galantuomo viva della propria onestà:
dopo di noi il diluvio! Sarà quel che sarà! ».

68

Favoletta di un Gallo

« Aere ciere viros, martemque accendere cantu »
Virgilius, *Aeneis,* VI, 105.

« Nocte Deae Nocti cristatus caedibus ales
quod tepidum vigili provocat ore diem »
Ovidius, *Fasta* I.

« Et je te dis: L'oeuvre est commune,
O frère, et si nous sommes nés
Tous deux sous la mauvaise lune....
— Les clairons d'aurore ont sonnés. »
E. Signoret, *Vers dorés - Proclamation.*

69

Miti Conigli bianchi e paurosi,
Oche pettegole e molto golose,
ed avide Galline
schiamazzan sempre tutte le mattine nella Corte.

Il buon sole di Ottobre vi ridesta
la festa animalesca:
i Conigli squittiscono,
cianciano le Galline,
e le Oche, distendendo le ali pigre,
aprono il becco, rauche nel grido.

Animali domestici, famiglia,
dentro allo strame e dentro alla fanghiglia
trapassano la vita inconcludente.
Sui loro giuochi fiso si protende,
Dio imminente e fatale,
il coltel di cucina giustiziere,
codice arcigno e severo nella sua funzione.

 71

reggendo la Nazione,
per lo spiedo allevata e pel tegame.

Divinità d'acciajo: a scerner nel pollajo
Moloch o Jehova, Sivah o Cristo,
divinità per bene, sistema pratico e grave,
appresta la sanzione dell'omicidio legale e necessario,
sorridendo alla noja di dover scomodarsi
pel gesto cruento.

Il rigagnolo presso gorgoglia e schiumeggia;
l'Oche vi navigan pensose e comprese;
l'Oche per la filosofia enciclopedica
trovan nuove pragmatiche ragioni,
trovan l'imperativi categorici
delle proficue compromissioni,
si fanno avanti, dame rispettabili,
blaterando, ricordano e ingarbugliano
alleanze tra il fango dei pantani,
e redditi sicuri pel domani.

Per una natural massoneria
furono a scuola dalla ipocrisia:

72

queste Oche a modo sapranno dire
come si affannino del lungo patire
de' lor compagni di schiavitù;
e quanto adagio, adagio, conviene alleviarli, in parte.
In tanto, han fatto lega colla Man di lassù,
le additan le pollanche e i pollastrini,
maturi al punto della cucinatura;
e, pe' vuoti propizi, s'impinguano di più.
Tra Leibnitz e Cartesio han sfoderato
sul pentaclo sovrano il « *mac–benac, qua, qua* »;
fan da Catoni e salvano la pancia
in barba ai goccioloni
che sanno infinocchiare.
Gesuiticamente, dall'altare
passano in Sinagoga,
e si ritrovan nelle speculazioni
della morale e delle ferrovie,
e sono ancor dell'Oche molto capitoline,
e parecchio strozzine.

Tra le verze, i Conigli fanno scialo:
contro le foglie grasse e succulenti

lavorano di denti, esteti mondi di gastronomia;
e a rosicchiar più calmi e più guardati
hanno delle politiche trovate.
Ma frullar d'ale, o stormire di frasca,
fugan dal verde festino i timidi:
passata la paura s'assicura il consiglio prudente,
tornano tra i legumi, costituzionalmente.
Ecco, così, de' ciarlatani emeriti
in ogni ramo di scienza sociale,
smarrirsi al temporale della Piazza,
lasciar l'ire sfumare e svampare;
tornare, a cielo terso, se gavazza
cuccagna sopra i frusti abbandonati
dalli entusiasti ardenti e scervellati.

Le Galline producono, indifferentemente e senza voluttà.
ma con molto sudore,
come le contadine italiane:
s'ingozzano di melica e di vermi
e sfuggon la pellagra
colla ingordigia magra delle briciole
Ova dan fuori che non mangeran mai,

74

e che saran pulcini, forse capponi,
rosolati con arte, sui *vermeilles* de' banchetti ghiottoni,
poveri giovanetti divirilizzati
per conservarli grassi, e, cattolicamente, candidi di peccati.
In crocchio, sulla sera, come vecchie massaie
si raccontano i guai della diuturna progenitura,
che dai preistorici milleni dura
senza ventura di rimutazione.

Ma ceffo superbo, gradasso e speronato,
con lunghe piume per strascico e manto,
un Gallo prepotente s'intronizzò sovrano,
testè, squassando la cresta a cimiero,
pettoruto foriero di battaglie.
La Corte è sottosopra; il turbulento,
vi suscita querele e dispettacci,
dirime ed eccita contese e impacci.
Costui è tristo ribelle impenitente;
non consente a confessare i suoi delitti.
Uditelo a cantare *chiricchichì!*
sul far del dì; i castighi non valgono,
nè le mude della stia,

75

passa gonfio d'albagia,
ed eccita ciascuno al malo esempio,
chiricchichì! cantando, protervo ed empio.

L'alba che tremola oltre le piante,
in un riso lucente d'opale,
si sofferma a guardare e a riverire, mentre s avanza
la novella baldanza.
Egli si affaccia, ed i rossi bargigli
sgarra tra il candido de' miti Conigli;
colla fanfara ardita
interrompe i consigli dell'Oche podagrose,
e ancor *chiricchichì,* canzone erotica,
sgola sul becco delle Gallinelle,
invito a disertare pei campi
dietro il richiamo del libero amore.

Gallo, sul fuoco del tramonto, intende
il tond'occhio sfidando:
ed il raggio discende alle lucide piume,
metalliche a corazza, metalliche a cimiero,
e lo veste d'Eroe nobile e intiero.

76

Il Gallo è un seccatore.
La turba era pacifica ed usata
ad annojarsi sopra la covata,
a viver di spiluzzico,
giorno per giorno, pigra, senza pensare
al domani, al perchè, alli altri irritamenti
che rivolge con sè la coscienza inquieta.
Superstiziosamente, quella Mano armata di coltello,
che scende dall'angusto sportello a pescare,
dentro al chiuso Pollajo, or l'una, or l'altra bestia,
integrava il motivo primo e divino,
e la legge sovrana col destino
della morte affrettata e del bollire,
doppio martire, nel cupreo pentolone.
Paradiso non era a speranza nella religione
dei plurimi animali del Cortile;
viver breve e morire per farsi divorare.

Ma il Gallo protervo incresta il nervo della sua sapienza
contro l'iniqua esazione: vuol far vedere e persuadere
la nessuna ragione di quel fatale esizio del pajolo.
Ma il Gallo, unico, sfida

77

sul corno bruno de' suoi lunghi sproni;
distende l'ali, rialza la testa,
squilla alla carica;
solo, si arresta al muto sbigottirsi
della pigrizia de' suoi compagni,
termina per stordirsi e a cantare per sè
un suo poema di rossi perchè.

Il Gallo è un seccatore,
ed è il terrore del vicinato,
qualcuno fa reclamo;
specie questo Villano
che ha pollajo a confine e non ha Galli,
se vede, un bel mattino, disertar le Galline
all'invito insolente del padiscià impiumato.

I Conigli si sbandano acciecati dalla paura atavica;
l'Oche posate smettono i conciliaboli,
e *qua*, *qua* e *qua qua*,
nervose battono le zampe palmate,
anfibie a pastricciare sopra i margini
del rivoletto povero,

78

qua, qua, qua, qua per l'ebraico costume,
di tuffarsi, se piove, a riparo nel fiume,
e quando il prato è mal sicuro.
E le Galline, feminette isteriche,
all'annuncio del maschio,
coccodè pettegole,
coccodè in fregola,
domandano il motivo
al rosso distintivo de' bargigli.

In fatti, a che cantare, Gallo del male augurio,
sta al bujo nel tugurio, non pretender di più,
tutto il mondo è così; per l'inconscienza di molte virtù,
e in virtù di pazienza,
si può rimaner senza di pane e companatico,
aspettando l'avvento del paraclito, che verrà se verrà
problematica e fosca carità.

Ogni giorno ha mattin, sera e meriggio
ripete la seguenza dei giorni trapassati;
è un critico capriccio
volere il sole se piove o se nevica,

 79

sempre imprecando e bestemmiando,
chiricchichì repubblicano,
sopra il pantano delle coscienze putride,
Gallo politico ed inurbano.

Il Gallo canta.

Ora, in un vespero, il Cuoco al Pollajo
venne lustrando e a soppesar le vittime,
(i Padroni, al domani, volevan grassa cena)
e tra il greggie mirò quel Gallo fiero.
Tese le mani a palpeggiar le membra,
n'ebbe spronate e per tre volte il becco
fe' sanguinar le dita unte e officiose
« *Peste!* » bestemmia il Cuoco, e allenta il pugno.
Il Gallo si rialza e starnazza vociando.
L'altro: « *Sì, va razza iniqua e dannata!* »
ed agita la mano insanguinata,
« *va, tutto voce e non ciccia, ma piume*
va, bestia magra e senza costume,
va, libertino di mille concubine,
pazzo di libertà,

libertario affamato senza giornea ».
Scelse tra le altre, per natural vendetta imbarbarito,
sacrificò a dispetto la trepida innocenza
dell'afono cappone, melenso ermafrodito.

Il Gallo canta ancora per tutto il vicinato
il suo rosso peccato sobillatore.
Grida: « *Chiricchichì, sono la turbolenza*
tra i timidi animali;
ho rejetto le greppie officiali,
che ci impinguano, ma che ci evirano.
Mi rifiuto alla pentola borghese;
sfoggio queste pretése d'insegnare il mio canto
a tutti quanti. Grassa truppa mi fa d'avvisatore,
epe tonde e spaventate
si rivoltano dentro allo strame.
Ma il mio duro corpaccio
vi sta inanzi ad impaccio.
Che mi direte un dì,
se dietro alla fanfara del mio chiricchichì
procederà una schiera di Galletti
ribelli, indomiti e schietti?

81

Io son fiero e tenace cantatore,
son l'instancabile vigilatore,
avviso di lontano, il nibbio, la faina, la volpe, il traditore;
noto e bandisco le colpe d'altrui;
guerriero senza macchia, forse donchisciottesco,
trombetto all'aer fresco la diana;
porto corazza, gorgera e cimiero,
sproni, e, nel rostro, lucida partigiana;
e piume rosse e nere ».

Il Gallo canta ancora
rivolto all'aurora.

82

Lai a Melisanda Contessa di Tripoli

« *Virile robur foemineae fragilitati subiicens.* »
Hroswitha di Sassonia.

« Amor de tierra londhana! »
Jaufrè Rudel.

« Melisande! Glück und Blüme!
Melisande! Was ist Traum?
Was ist Tod? . . . . ».
Heine.

« Io vengo messaggio d'amore:
la favola breve è finita....».
G. Carducci.

« Il nostro imperialismo è una parata, un *bluff nord-americano:* è come se li abitanti di Chicago volessero intendersi d'arte. Noi non ci intendiamo di conquiste; quindici secoli di schiavitù ed una attuale costituzione impropria alla gloria ed alla dignità nazionale ci hanno capponati opportunamente, per le stie della monarchia e del socialismo. »
Oldrado, *Le Cose nuove.*

83

Tra le molte Tripoli, che si incontrano nella nomenclatura geografica, due sono le maggiori: Tripoli del Garbo (*Tarabulissi Garb*) questa di Cirenaica, e l'altra Tripoli di Siria, di cui Melisanda fu contessa franca. Il Cantastorie sa che non bisogna confonderle; ma si prende licenza di rimettere una nuova Melisanda, mosulmana per forza, a Tarabulissi, dove intendono le nostre cupidigie: comprende di commettere un errore di storia, ma se ne consola facilmente perchè rispetta la verità simbolica e psicologica.

84

« Oh Contessa, Signora,
son venuto per Voi,
Non indugiai al viaggio;
snelli i piroscafi della *Navigazione Generale*
han sicuro ancoraggio nel porto tripolino;
rullano, a festa, per il mare a Voi
solleciti e benigni,
e chiari fumano, borghesemente,
nell'azzurro bacino,
godendo e privilegio e sovvenzioni,
vanto, gioja e superbia dei capoccioni
della Nazione.

Tripoli bella! Amore d'avventure:
o bruna Melisanda!
Stracciatevi la benda mosulmana;
Guardate in viso ai Gentiluomini
a viso nudo, o sfolgorante di bellezza, Altezza.
Il *fez* vi pesa sopra le chiome

 85

grottesco ed indecente:
or gettatelo a mare;
portate cappellini di fiori e di piume,
e fatevi ammirare.

Stia pei giardini, tra le palme espanse,
lungo le calme mestizie dei tramonti,
e sotto ai sicomori orientali,
addormentati al riso delle fonti,
o Melisanda, la Vostra persona,
e riguardi sognando la città:
non abbia in torno spioni eunuchi
a guardia invisi, e sfoggi
abiti di Parigi e *decolletés* di Worth,
giojelli di Labiche, e pelliccie di Bergem,
e si permetta amanti, *pardon*, amici,
molto intellettuali, assai *modern style*,
prerafaelliti, tra un verso d'annunziano
e uno scambietto di ciarlatano.

Tal sia, a riguardar le rose autoctone,
muschio ed ambra stillanti

86

come le treccie Vostre,
tal sia, a riguardar rosea Tangeri,
Anadiomene in riva al fresco mare,
marmi e rose affacciati alle ringhiere
dell'africana sponda:
tal sia a riguardar le vaporiere,
sostituite ai lenti camelli del Corano,
e a mirar i piumetti bersaglieri,
galli bruni ed allobroghi a danzare
la presta monferrina,
invidia all'indolenti Bajadere.
Tal sia, senza turbanti e mezzaluna,
Melisanda Contessa,
or ricongiunta al suo Jaufré Rudel.

D'oltre il mare, Signora, ebbi l'invito.
Ho letto poco fa nelle gazzette
che pativate mal di desiderio,
un male doloroso e molto serio,
per le nostre curiose novità:
ho letto, e, per udita ed anche per pietà,
Cavaliere Rudel, Signor di Blaja,

perchè non paja troppo l'ingordigia
venni alla Vostra pena e Vi rassegno,
ai piedi imbabucciati,
amore, protezione e *Convenzioni.*

Datemi, o Bella affascinante, ascolto.
L'*harem* promiscuo vi strazia e vi incatena!
E per quanto Gran-Turco e poderoso
non può attendere a tutte, in giusto onore,
il turbato Signore e vi trascura,
livido tra la rabbia e la paura.
Ve' il Bosforo inquieto che schiumeggia!
E li Armeni straccioni a lamentarsi!
E l'Orsa bianca vicino a braccare!
E un Galletto protervio a schiamazzare!
E un subdolo Leopardo, che si striscia,
dalle Piramidi come una biscia
nell'Anatolia, e guata la migliore giornata
per balzar sulla preda dell'isole, giojelli
nel mare, aperta gloria di commerci!
Un aquilotto d'Alpe remissivo
s'accontenta di poco;

88

porto Jaufré Rudel lo scudo divisato
d'un'aquila benigna e d'una croce.

Meglio, Contessa buona,
badar direttamente ai casi nostri,
ed aggiunger la voce armoniosa
all'urlare dei Mostri uggiolanti alla caccia.
La causa è alquanto nobile e speciosa.
Ascoltate il consiglio dell'amico;
attender che vi fa Albanesi e Pascià,
che verran, se verranno, come una sanguinosa carità?
Del resto, ho pure udito
raccontare storielle poco amene....
Un *Barba-bleu*, Signora, e più non dico:
interrogate i gorghi di Stambul.

Così venni munito.
Pei secoli, Jaufré, che si lagnava
se gli è tolto veder l'amor lontano
e che *al Signor per vero e per real donava*
l'amor, che lo pungea, così, lontano;
Rudello rugiadoso e trovatore ha fatto esperienza.

89

E per quanto passato
usando vele e remi col Petrarca;
e per quanto intessuto nelli arazzi
germanici dell'Heine
(dolci notti al castello di Blay, taumaturghe
di figure dipinte e primavere,
a splender, dai topazzi dell'ogive, in faccia all'alba;
amore e gioventù);
e per quanto morente in sulla nave,
in cospetto a Tangeri
(*Contessa che è mai la vita?*
È l'ombra di un sogno fuggente....)
come ricanta un nostro senatore,
che bebbe in fresco a Cristo e ai porcellini
ed or professa il Re;
Jaufré rimodernato, ha fatto li apparecchi e si presenta,
con suffragio d'armati e compiacenza
e non sofistica sopra ai perchè.

Eccovi il mio codazzo d'ingegneri;
ecco i forzieri vuoti italiani,
pezzenti eterni ed esigenti,

90

come li stomachi morti di fame.
E verran gli straccioni in lercia schiera,
avidi, macilenti a contendersi il pane,
come fanno ad ingombro qua su;
e in sul principio si accontenteranno
di cercarvi lavoro a buon mercato,
poi cresceranno pretese e superbia,
e noi li lasceremo, anche qua giù,
sbasire, in pace, con grandi promesse
a scadenza mirifica e illimitata,
usanza preistorica e civile d'ogni governo,
sulla bilancia al *sì* ed al *no* alterno,
della ragion politica e fortunata.

E Voi avrete ferrovie e debiti;
e intricheremo matasse ingarbugliate,
pretesti eleganti e sfoggiati
per carrozzini, inchieste, sinecure,
grassi compensi, facili prebende,
sotto le tende del parlamentarismo

Ho a dovizia, Signora,
i futuri progetti di colonizzazione,

91

e Vi prometto, da buon cavaliere,
Cavalier del Lavoro,
di rimondarvi presto dal tesoro,
che giace inerte e lucido
dentro le ferree casse beyliacali
per esserne un compito dispensiere.
Ho rimedii e parvenze di rimedii
per questi ed altri mali;
v'aggiungerò un medico Livraghi,
flebotomo eccellente per li ebrei
che non vogliono rendere;
se costoro s'impuntano e fan la voce grossa.

Vengo armato, sgargiante, vago, propiziatore.
Non avete i Tuaregs abbrunati
di lutto azzurro oscuro e nei veli prolissi,
mistero e anacronismo del Sahara,
ultimi discendenti dei crociati, cavalieri Targuis
imbarbariti dalle Fatme, dal clima e dal deserto?
L'orde africane?
Dei Maometti apocrifi?
Delle teste balzane?

Krumiri, cavallette da fugare, da vincere e da pacificare?
Non avete la febre e la dissenteria,
aspettandomi, Amica, ed il male d'amore?

Quanto a me vi confesso, Signora,
che non posso tentare un'altra volta
l'esperimenti notturni ed ostetrici,
unico diversivo un po' piccante alla *routine* delle guarnigioni,
di tra le coscie divaricate e goffe,
colla forchetta, a impedir un pleonasmo ingombrante,
di qualch'altra clorotica Isolina Canuti.
Piacere lepido di molto *humur*, dopo la cena:
se vorrete, Signora, lo sostituiremo
colle danze complesse delle schiave moresche.

Che anzi, mi volsi già colle mie prore
ad una quasi vostra parente vicina,
al di là del Deserto e nera in volto.
Tentando, ho già scoperto la mirifica droga
della valvola aperta al bollir sovversivo della piazza.
Vi dirò, in confidenza, che tra noi
non è più tempo pei veri Eroi.

93

E per la nera Taitù, che ancor ringrazia,
ho rimesso i quattrini;
e alli Abissini, mostriciattoli gai,
con buona grazia, ho regalato
il segno più maschile e probatorio
de' nostri giovanotti,
quella cosa da nulla,
quel ninnolo gentile,
donde un garzone, al talamo, non è suppletorio.

E ho fatto tutto per il buon cuore,
per semplice e perfetta cavalleria.
Sono, o non sono, Jaufré Rudel, signore di Blaja
alla pazzia dei viaggi lontani,
per amore di udita e pei mostri africani?

Vecchia spada crociata!
Brillò nell'oriente tra i fiori del betél
ed acciecò del lampo li occhi di porcellana
del pacifico Budda ingiojellato e assorto nel nirvana.

Vecchia spada crociata!
All'impresa di Rodi, che ricorda

 94

un ciondolo e una corda d'appiccato,
una postrema convien ne riannodi,
perchè si sruggini in mano ai prodi,
irrequieti nella lunga pace.

In fine, io vi consegno, come prova d'omaggio,
liuto, spada e coraggio temprato
come i cannoni Krupp;
e vi consiglio d'appoggiarvi al mio braccio
per farvi ben vedere nei saloni.

Dal medio evo in poi, salvo cavalleria,
son divenuto pratico.
Amo sfoggiare ginnetti e cavalli
sopra ai *turfs* e *teuf–teuf* lungo la via.
Amo sfoggiar belle donne nei balli,
spalle e seni perfetti e nudità
all'occhio altrui che invidiano.
Amo fare d'amico moderno,
per cortesia e dignità;
bastar per la parata e pel solecchio;
posar per il loggione in pompa magna:

95

essere una apparenza è quanto fa;
far molto fumo con poca legna.
Quindi, se mai Voi ne avrete vaghezza,
io Vi permetterò, degna Signora,
(nell'aspettar ricamo, come richiede l'ora,
dei monogrammi al fumo delle sigarette,
per non infastidirvi)
qualche capriccio tenero
per chi punto non paga.
Io non abbado, se prude un desiderio più concreto,
oltre alla doverosa soggezione.

Su via, gettate il velo;
calpestate il turbante.
Oh stellare sembiante tra il franco e il saraceno!
Oh, parente, o diletta,
dolce amica perfetta!
Agili i mozzi, color del cielo cupo,
gettan l'ancore argute dentro al porto.
Oh, sfolgori il bel riso barbaresco
alla liberazione, ambigua Castellana,
nell'aer fresco del Vostro rinascere!

96

Guardate a scintillar le bianche armate
nella rada, aspettate....
scendon nelle scialuppe i bersaglieri;
applaudiamo, Signora, ai forieri dell'italica gente!

Tutto il resto è una baja
Jaufré Rudello il signore di Blaja
è una antica leggenda riassunta,
per arte maga di diplomazia,
nel garbato ufficial d'artiglieria.

Tripoli bella! Amore d'avventure,
Contessa Melisanda,
stracciatevi le bende mosulmane,
ritornate latina,
e, gloriosa ammiranda,
non pensiamo, in codesta mattina eccezionale,
alla giornata che le succederà:
godiam la prima notte in santa ingenuità.
Udiremo tra gli applausi un pianto roco?
Prefiche sulle glorie, all'indomani!
Certo, in Patria, vi sono dei marrani.

97

astiosi ed invidiosi, rivoluzionarii.
Non facciamoci scorgere a baciarci
da questi sporchi guasta feste: e poi?..
Infioriamo le bare di alloro e di rose,
perchè, dentro, i cadaveri in pompa
si conservino a miglior putrefazione,
i soliti cadaveri d'Eroi
inconsci espressi dalla leva alle glebe;
abbondiamo d'imagini sfarzose
sui tesori scoperti del Califfo:
bella retorica, oh, santo ingegno!
Tutta Italia ha poeti a dovizia,
che raglieranno versi gabriellini,
per l'isterica sua puerizia,
che farnetica imperi levantini;
tutta la Patria è sospesa ai divini
preziosi istanti del nostro amore:
le sabbie del deserto soffici e dorate
son stese e preparate,
cimitero igienico, al carnajo di prossime battaglie,
lenzuolo ultimo, rovente e cortese.

Baciami, Melisanda;
amor non si nasconde, non è reticente,
bellissima Regina di Cirene, dell'Africa romana;
amore ignora disparità di clima e di religione.
Oh, finalmente!
acconsenti al mio bacio eroico, Signora ».

99

Lai di un Eroe sfortunato ai Giudici

‹ Honneur aux braves malbereux! »
Napoléon *à* la *Bataille d'Essling.*

 101

« La Giustizia vi convoca, Signori;
mi porge, inanzi a voi, povero gentiluomo sfortunato;
se ho combattuto, in leale tenzone,
contro le leggi ed i carabinieri dello stato,
mi difesi e mi son vendicato.

Ho difeso e difendo il mio onore:
bel gesto, naturale al generoso,
serbare alle progenie intatto e lucido,
come un fior di purezza e d'onestà,
il nome del casato, decorato
di rendite, d'invidie, d'inoppugnabile antica nobiltà;
bel gesto, ancora, squisito e permaloso,
voler la verità intemerata,
schietta e nuda a sorgere,
limpida come un cristallo,
per rispecchiarsi tutta nella istoria,
perchè smentisca il racconto bugiardo,

103

ripagato ad usura al gazzettiere,
che specula a rubarmi la mia gloria
d'italico Bajardo e maggiore e più vero.

Del resto, se sapete i nostri casi:....
per tanto meno, in Patria, han fucilato
delli inermi sul canto della via;
per tanto meno, valse ipocrisia d'astuto poliziotto,
quando la fede medica dichiari
trascurabile effetto d'assassinio
corta, artistica e salda strozzatura
sul caparbio ribelle,
giubbetto improvvisato l'inferriata della guardina.
Per tanto meno, per fisime d'idee,
bruciano al sole italico, immersi nella salina,
a lavorar per tutti, innominati,
o per l'isole immonde a raccorre pidocchi,
li intolleranti astiosi e irriverenti
ai sacrosanti principii costituzionali.
Per tanto meno, per vaghezza di *sports* coloniali,
per interromper l'ozio delle guarnigioni,
si vanno machinando spedizioni;

 104

fuman le vaporiere alle avventure;
si dan le sinecure delle magre conquiste
a uno scrittor balzano,
e laute prebende ai Generali, tiepidi sotto l'ali lusinghiere
dello Stato Maggiore,
mirifico stratega ai badalucchi delle brughiere.

Quindi, se mai, io vinsi
un dì cavallerescamente,
(ahimè, memoria atroce nel presente dolore!)
mi son difeso, protetto, conservato.
Ho conservato la pelle e la fama;
ho conservato me stesso alla brama
di questa apoteosi dalla gabbia.
Ho conservato in me il rappresentante
delle nostre virtù;
ho elevato il brigante
a nazionale instituzione.

Badate al beneficio che porto alla città,
a Lucca silenziosa e spopolata,
che, a San Frediano, m'aggiunge meraviglia,
tra li stampi dei gessi immemoriali,

105

che lustran tutto il mondo, dai canali di Milano,
disposti in simmetria sulle sponde dei ponti,
alla Senna chiassosa e generosa.
Badate all'aumento del *dazio consumo!*
Certo, tutti i consigli comunali
vorrebbero ospitare,
nel giro affettuoso dell'amministrazione,
uomini e avvenimenti, a richiamo di genti,
com'io impersono.
S'impingua la *réclame*;
corrono i curiosi,
li sfaccendati e li amanti del raro!
Si dan delle *premières*;
e li attillati ufficialetti
addestrano ginnetti pomellati
per la gloria del *Campo delle Corse.*
Vi saranno i *teuff–teuff,*
or, dopo le medaglie, recente amor di Spiombi;
machine fumigose a schiacciar pei quadrivi,
(inesperto *chauffeur!*) ragazzaglia cenciosa e sbarazzina.
V'importo la frequenza
d'assai dinoccolati fannulloni,

106

d'allegri giovanotti,
d'impiumate e spumanti *cocottes*,
bellezze artificiali da professionista;
perchè, sapete, dove accorre la folla
e si eccita la vista
e s'incita all'Assise ai bei casi di morte,
Amor non è ritroso, ma spalanca le porte,
divarica portiere, cortine e coscie,
alcova dischiavaccia e lupanare,
pei delicati a gioje economiche, o care.

Oh, la distinta ragunata a torno!
E li amici dei *Clubs* in cui si giuoca
un *macao* di fiducia,
aristocraticamente, persuasi dei molteplici casi dell'azzardo.
E il giardino sbocciato delle Dame;
fiori precoci d'incanto e di bellezza;
petali sparsi ed ali di farfalle, sui cappelli di trine,
sorrisi dalle bocche piccoline,
e gentili saluti dalla mano breve di candidezza.
E la dolce carezza a me piovente dalli occhi indagatori
a traverso la lente incastonata d'argento e tartarughe.

Sono la meta di tutti *lorgnons*,
sporgo il petto guerriero,
e mi lascio ammirare modesto ed intiero.

Curiosità, riflesso del pensiero:
lo scienziato severo
si china sul mio cranio e lo dettaglia
Inscriveran le cifre dell'antropometria
vicino alle ricerche del Lombroso,
sulla tabella del Bertillon,
tra il cervello di Dante e quel di Gasparone.
E le dispute saggie della toga;
orazioni sgargianti, nella foga
delle pensate improvvisazioni;
dilettosa battaglia tra i codici,
Ferri, Mancini, Canonica citati,
Garofalo, Patrizi e Pierantoni,
dopo Ulpiano e Cujaccio,
colla disinvoltura d'un pagliaccio,
giuocoliere sulla corda tesa
del diritto sofistico, pretesa
a sfruttar la nomea estemporanea

108

da codesta difesa.
Per ciò, io vi ringrazio;
io ne sono commosso;
io mi sento svenire ai battimani;
io sto tra i ciarlatani, *Barnums* di conto,
mostro prezioso alla fiera ufficiale.

Son tutto tenero e rugiadoso;
son lo sposo novello di monna Giustizia;
sono alla puerizia della gloria d'oltre all'inferiata;
sono molto sensibile.
Squisita mia sensibilità, appannaggio del vero gentiluomo.
Perdonate le lagrime importune;
penso alli uccelli strappati dal nido;...
perdonate al mio grido di rivolta
per l'enorme sopruso....
Ma guardatemi, qui, tra i ladri e li assassini;....
colle manette ai polsi a sofrir la passione;....
e, ahimè! non divaghiamo, Signore e Signori;....
perdoniamo alli errori de' malvagi,
come un Cristo morente in sul Calvario,
ma promesso alla prossima risurrezione.

109

Oh, covata di penne internazionali, variopinte ed intinte
dentro i varii colori delli inchiostri curiali;
penne d'oca, di merlo e di gallina,
intese al volo poetico vibrato
dall'arco estetico della mia bocca!
La parola vi scocca imaginosa;
vi fiorisce la rosa, col detonare della rivoltella,
e vi sbocciano amabili visioni;
urla l'ira e lo sdegno s'arrovella;
piangono le preghiere,
nella crisi postrema della arresa,
inerme, all'empio carabiniere.

Raccogliete le nobili parole:
m'anco sul ferro della gabbia e sto,
in curva callipigia,
come un bel giovanetto del Guercino;
ed ho per mia franchigia d'onestà
viso sbarbato ed occhio di bambino.

Raccogliete le nobili parole:
spampanate novelle memorabili.
Le memorie son labili,

110

incidere convien, perennemente,
l'ora immutata che mi alletta all'inodore *water–closet* inglese,
e per quali prodigi ingannatori,
vano sollievo erotico del sogno, io dia fuori
un compianto offertorio alla natura,
di perdite infeconde,
lungo la notte vedova, fredda e dura.

Raccogliete le nobili parole:
“ *Patrio Appennino, libero e scosceso*
balze di clivi arrampicanti al vertice,
macchie profonde di querceti annosi,
inquieti riposi nelle frappe.
Protezione nascosta e palese;
tutto un popolo mio al mio comando;
taglie imposte sovrane sul paese,
ch'io guardo del gendarme e che mi sfama.
Patrio Appennino libero e cortese,
fresco d'ombrie e di fonti cristalline;
e vaghe montanine,
a offrirmi carne sana per la sete d'amore,
primizia di seni e d'abbracci e di baci,

 111

da labra compiacenti e coralline.
E il regale piacere della lotta;
un'epopea viva che galoppa
lucida d'armi, stridula di fanfare,
sonora di nitriti e di comandi;
e perenne Vittoria a incoronare
di lauri foschi il mio augusto sembiante.
E un esercito tutto alla mia caccia:
ragne tese alla traccia d'orme false e mentite;
imboscate sicure;
crepitar tra le siepi di moschetteria;
la ritirata subdola e capziosa;
la mirabile e lenta strategia;
anfratti per i boschi, radure alla pineta;
fucilata mortale sicura e secreta,
e libertà completa.
Più facile vittoria al tuo Monforte,
volante artiglieria,
incontro ai Francescani intonacati! "

E dite ancora:
" *Vi sono delle Miss d'oltre l'oceano*

cbe sofrono lontano
il mio amor per udita;
e vi sono i giornali ultramontani,
che al Bersagliere simbolo,
sostituiscon me.
Oh, plastico perchè d'effigie patria
impressa dai ponzoni alla moneta!
Inanellata cesarie d'esteta,
classico e nero cappello a cono,
nastri scarlatti e giacchettino,
velluto azzurro e lucidi bottoni,
e pistole e tromboni,
classico malandrino.
Vedremo nel concerto europeo,
seder l'ambasciatore in questa guisa,
dignitosa divisa
fasciata dalla ciarpa tricolore? "

E ridite l'oltraggio recente:
" *Peso martirio orrendo del sajone,*
cilicio ergastolano, appostillato dal numero servile!
Dite che appajo ai Giudici così,

113

spogliato d'ogni mia dignità,
rivestito d'infamia,
innocente posposto al lurido Barabba:
dite, che nella gabbia
m'hanno rubato il doppio scapolare
della miracolosa Vergine di Pompei,
toltomi di sul petto tra il nudo e la camicia, talismano:
che rimarrò in galera per la vita,
io, serena coscienza della razza,
in cui si assume e si rappresenta,
l'Eroe italiano. "

Raccogliete le nobili parole.
Cado romano gladiatore vinto e fieramente,
per insidia di un filo
di ferro teso al mio passo spedito,
non per valore umano;
cado per bieca invidia d'un cauto rivale.
E pur che vale?
Non io ho meglio regnato, Brigante?
Sollevate l'istoria a codesta memoria:
da Romolo al defunto Cecil Rhodes,

114

aggiungetemi al corso Buonaparte.
Sollevate alla gloria un monumento:
ad indicare tutta la Penisola
la retorica accolga un luogo topico
comune ed immortale: IL MUSOLINO!
grassatore, nobile e geniale. »

 115

Nuova Ballata in onore delli Imbecilli di tutti i Paesi

« Un medecin célèbre du dernier siècle, appelé chez un grand seigneur son ami, après avoir examiné les symptomes du mal pendant longtemps et en silence, s'écria, tout à coup transporté de joie: " Ah! monsieur le Marquis, c'est une maladie perdue depuis les anciens! La *pituite vitrée!* Maladie superbe, mortelle au premier chef. Ah, je l'ai retrouvée. " Telle etait la joie de Madame; c'etait en quelque sort une joie d'artiste. »

Stendhal, *Armance*, Cap. VI.

« **Sequitur et praecurritur**. *Symboli loco, Dianae stellam, sibi praeferri voluit, cum lemnate; ut supra.* »

« Quels gredins que les honnêtes gens! »

Zola, *Le Ventre de Paris*.

Gente, chi voglia udire
il mirabile ardire delli Imbecilli,
ritorni in Piazza, vi si congreghi e stia in molta compagnia.

Codesta mia Ballata sincera e spassionata
è al tempo grave e onesta:
vi dice e vi protesta le grandi e disgraziate amenità
della *Gente–per–Bene.*

Gente! Venite qua!
La parata incomincia.
Va dal Bordello, alla Chiesa, al Palazzo:
vi è, ciurmatore, un Pazzo
che squassa il suo berretto insonagliato,
e vi ride vicino un buon Curato gonfio di cibo e di lussuria.
Gente! chi voglia udire ha pur dimenticato
l'abitudine antica d'arrossire.

L'Imbecilli regnano!

 119

Vi sono l'Imbecilli miti e belli,
come li agnelli del mese d'Ottobre:
vi son dell'Imbecilli inzimarrati
gravi e posati.

Vi sono l'Imbecilli che dipingono
Galatea con un ceffo di Mammana,
e i galanti Imbecilli alle sottane delle Trecche sdrajati.
Vi sono dei Poeti d'annunziani di ritmi vari e zoppi,
ch'aman le Trecche e pagan le sottane delle Mammane,
e dei cari Imbecilli di Poesia, che accoppan d'etisia
Trecche e Mammane e piangono ai mortori,
nei dormitori dell'impotenza.

Molti Imbecilli son che veston bene,
ed ingannano li occhi al luccicare:
tutti i sordi Imbecilli
s'inchinano allo sfoggio di questo abbigliamento,
senza lamento, si lascian sopra fare.

Vi sono molte specie d'Imbecilli che imberciano
la Dama Putiffarre;

120

pochi assai che si lasciano imberciare.
E le Femine in coro, per il sonoro componimento,
decentemente vengono meno alla grande dolcezza,
applauso muto, eccezionale,
redibitorio alloro, d'anime inzuccherate e dispensiere
al bel lavoro dell'Efebo Poeta.

L'Imbecilli preziosi sono molto ringhiosi:
hanno il fegato verde d'invidia,
verde come la vipera, verde come un veleno d'arsenico.

Conosco l'Imbecilli delle Antologie, colle malinconie
di castrare le statue e le liriche,
e di sciupare, nella melma, i fiori.

Ho visto l'Imbecille a discutere Iddio
senza averlo cercato ne' fornelli chimici.

Ho visto molti Imbecilli canori come sciacalli
che giuocavan, sui dadi, la prima nota e l'ultima
di certe canzoni peregrine non composte ancora.

 121

Ho visto l'Imbecilli letterati, spudorati
per le loro sciocchezze, menarne vanto,
come un incanto d'errori di sintassi e di gramatica.

Ho visto l'Imbecille al Finimondo,
l'Imbecilli politici, statisti e arringa-popoli,
sfacciati ed imprudenti, stolidi e paralitici.

Tra l'Imbecilli e i Coccodrilli è poca distinzione:
la Storia Naturale spiega il Natale
dell'una e l'altra bestia:
dal fango delle inondazioni.

L'Imbecilli si soffiano il naso:
noi non siam persuasi della loro onestà.

Soffiansi il naso ed asciugansi l'occhi:
queste lustre alli sciocchi fanno di sicurtà.

Piangono l'Imbecilli; non ci credete;
la cattiveria tira le cuoja all'ignoranza,
ma sopra a quanto avanza,

122

combinano un grazioso giuocherello;
preparano il giubbetto a chi diffida,
al rosso farsetto
stiran le vertebre.

L'Imbecilli hanno il catarro:
essi aggiogano al carro, invece de' pazienti buoi,
l'eroi dell'a venire.

Ho veduto dei grandi Imbecilli
girar poc'anzi a stuolo per il mio paese,
molte pretese sciorinando al Sole.

Ho veduto l'altr'jeri a concistoro in un palazzo antico
molti Imbecilli foggiare un intrico contro il Pensiero.

Ed ho veduto un Generale ameno
ricondurre il sereno sulle tombe
col buon ajuto della cannonata,
beata partecipazione del moschetto alla galera,
lezion buona e severa a chi verrà.

 123

Ho veduto l'Imbecilli delle eroicomiche evoluzioni primaverili;
ed i gentili Ufficialetti
dopo aver scaldato i letti delle Quadrantarie,
scendere in piazza a sciabolar la Plebe.

Ho veduto l'Imbecilli delli Stati d'Assedio.

Ed ho udito li elogi alli Imbecilli:
infuriò l'applauso alli Imbecilli:
mentre il mio stomaco, si mareggiava di vino avvelenato
in faccia alli Imbecilli.
Ho veduto l'infamia imbecillesca,
la bizza fanciullesca,
la fregola bernesca,
e un Imbecille–chierico fuggire
dietro le gonne della fantesca.

L'Imbecille sbraita alla bellezza,
e Venere sciancata, in cortesia,
elige la più grata e saporosa carezza
per le orecchie d'Asino.
L'Asinel porta corona, sta in poltrona arabescata:

 124

Venere sciatta un pungitopo grigio, a prodigio, gli intreccia
queste sono le nozze che appresta il Protocollo [sopra:
e chi si inganna alla sua probità.

Venere guercia, colla sua blandizia,
rimbambola a dispetto delle età, la puerizia
di tra le orecchie d'Asino.
In tal foggia s'acconcia l'Imbecille, nella grave bigoncia,
a salvar la morale, dopo l'aretinesco saturnale.

L'Imbecille porta sciabola: d'una nera parabola
fa il suo Paraclito: e la colomba bianca si tramuta
in magra e stanca upupa.

L'Imbecille è un animale che s'affibbia un piviale.
Il pivial fa strascico lungo la via e benedice l'ipocrisia
Di sotto al pivial spesso la coda penzola e spazzola
i gradini all'altare, e l'orecchione puntano
come due corna al tabernacolo.
Genesi e simbolo di carità!
Il vario e ricco sajo si rialza sulle natiche, sopra alla coda,
onde ben s'oda la canzon deretana.
« *Prosit!* »

L'Imbecille è crudele.

Bestia rara! Le più rare s'accovaccian dentro all'are,
le preclare vanno a torno a buggerare,
le più care sono preste a malignare,
le più avare danno fondo al fondo mare.

Ora il mar, che fan seccare, stenta un poco a preparare
funerali e bare; ma verrà, quando verrà, la calamità.
Piangeranno, grideranno! Chi sa quanti in quel mattino
strilleranno in un cantuccio, per la triste avversità.
Poco furbi, o troppo tardi?
Per calmare la tormenta si saran raccomandati
alla comoda prudenza dei cerotti immostardati
dai magni economisti gagliardi e liberisti.

Alla falsa cuccagna i Pitocchi batteran le mani?
I Ciarlatani e i Ciurmatori fanno a gara coi Signori:
in nome de' magnifici principii sovrani
preparan buona festa pel domani.
L'indomani, come prima si ritrovan l'Imbecilli;
portan rose colle spine e fan mostra di sigilli

 126

tutti rossi alla coccarda, poi che un cuore di vitella
ha dipinto l'animella della nuova croce.

Croce verde e croce d'oro,
nella scossa popolare, ha fruttato il rosso;
l'Imbecille china il dosso, e lascia svampare
quanto bolle e cresce.

L'usanza preistorica conclude questa raccomandazione
d'esser baro e ladrone sulla Rivoluzione.

Ma l'Imbecille è un uomo a modo:
è un animale che sorride sempre.
La bella smorfia al viso dimostra il paradiso
delle monde coscienze borghesi.

L'Imbecille è il Proteo ballerino
per le monete e per lo zuccherino
della moderna mitologia;
ed è l'Arpia; l'ugna nasconde sotto il velluto,
il danno è conosciuto se la ferita sanguina.

 127

Molti dell'Imbecilli son canuti: sono i più astuti.
Altri Imbecilli tirano al grigio: hanno il cuor ligio alle galere.
Altri ancora son calvi: son li spavaldi della menzogna.

Ma tutti li Imbecilli sono *Gente–per–Bene*.

Ballata! Le verbene odoran meno del letamajo,
ed un velo di sposa del sajo caprino e francescano.
Gente: or la Ballata tace.

Acqua passata ritornerà sotto ai ponti a scorrere:
si gonfierà; scardinerà le pile.
Ahimè, ahimè, che vuol questo diluvio?
Zitti, passano i Zaffi:
han lunghi baffi come i Croati bene incerati,
e ruotano li occhiacci.

Gente! Acqua passata ripasserà.

128

Dialogo per l'occasione di un qualunque anno nuovo

« Verba dare ut caute possint, pugnare dolose,
Blanditia certare, bonum simulare virum se,
Insidias facere, ut si hostes sint in omnibus omnes. »
Lucilius, *Saturae*.

« Magis mihi, miserule,
Flere libet, puerule;
Plus plorare quam cantare:
Carmen tale iubes quare,
Amor care?
O, cur iubes canere? »
Gotescalcus Saxon, anno 868.

129

— « Spengono per riaccendere? » —

— « Incominciano subito.
Natura abhorret a vacuo. » —

— « La solita comedia? » —

— « Come ti pare.
Come la vuoi guardare,
o dall'alto, o dal basso;
un motivo in minore,
un presto contrapasso,
una risata, una lagrima, un grido. » —

— « Oh, le solite cose! » —

— « Sì; le solite rose colle spina,
il solito torrente per la china
a schiumeggiare, ad estuare,
a morire nel mare de' millennii.

131

Abbiam molte speranze;
siam troppo ricchi di speranze pure,
e possiamo aspettare.
Le lagrime e i sospiri
ci rimutano in torno le stagioni:
cerchiam le cose buone,
non ne troviamo alcuna.
Siamo, così, come colui che sogna,
cruogiolato al tepore accidioso d'una *chaise–longue:*
ma, in quanto a muoverci?...
Mio dio, per qual ragione,
abbandonar le piume,
e fare un gesto serio e decisivo?
Noi possiamo aspettare,
ancora e sempre; siam ricchi di speranze.
Testè rinacque il bambolo Gesù
biondo di mille ed una virtù,
féerie cattolica, gnostica presunzione,
a vagire, a promettere; e poi?... » —

— « Gesù si scorda presto delli Eroi
che son de' sognatori.

 132

Egli li incontra ma non li vede a fatto.
Egli accoglie le fole de' suoi jerofanti
e si compiace de' canti, imbecillito,
dei bamboli e dei chérubi
alati, assessuali, riusciti
dal limbo, o dalli *Ospedali delli Esposti:*
Angioli vuol lattanti, nelle greppie
del civico baliatico, tra il Bove e l'Asinello,
che son delli animali biblici e pazienti.
Gesù è un Creso che si infinge e sta,
colla mirabolante sua povertà,
celiando al poverello.
La favola ricorre, sulla teogonia,
alla palinodia de' Re sapienti venuti di lontano....
per una Epifania.... Però!...
La Stella–Cometa si ha rotto la coda,
ha smarrito il cammino:
è lenta a tornar sù. » —

— « Dunque, nè meno Gesù?
Per l'occasione della ricorrenza
vecchie liriche aveva intessuto,

dovizioso velluto istoriato da mille profezie,
e, per le nostalgie dell'a venire,
già mi era sorpreso a dire:
"*Veniamo verso te nel sorriso dell'alba;*
l'altra sera calata e trapassata
s'annullò come un fiato.
Dai terrori notturni dell'esilio,
rivediamo la patria.
Anima forte! Spalanchiamo le porte
in faccia all'aurora.
Eccoci, Bimbo e Re:
noi del Popolo tutti, e tutti Re;
non facciam atto di vassallaggio, pari con pari.
Il villaggio è la reggia comune, tutti vi regnano;
ciascun villaggio è come un trono ingemmato:
ogni anima ha compreso,
ognia nima compendia, nella sua, la vita di tutti;
esplode amore, lo riassorba, ne penetra il Mondo.
Livide angoscie sul cielo della notte; ora non più.
Abbiamo udito suonare le campane;
davan il suono delle anime nostre.
Sole! La tenebra è morta; Sole, per sempre!

 134

E carezze di luce e carezze di mani!
Noi facciam pel domani
la sacrosanta communione tra l'infimo ed il massimo.
Portiam bandiere rosse e corone d'alloro;
abbiam deliberato sul Destino;
lo comandiamo; arrechiamo il tesoro
dell'indiscussa fraternità!
Quindi.... » —

— « Quindi, si sà, il velluto de' tuoi geroglifici
sarebbe stato leggero sopra le nostre spalle
in questo inverno: i simboli si gloriano
dell'eterno *statu–quo* e rimangono
alla luce elettrica, pallidi molto,
nè sono impellicciati per guardarci i polmoni
dal ghiacciato rovaio e dalla neve.
Bimbo Gesù, tu vedi, giace in paglia per mostra,
in una paglia calda di seta e d'oro,
e si sdraja al soffice.
Non convien disturbarlo;
ragazzo utilitario, vero Ebreo di razza,
si è acconciato al regime monarchico;

 135

lo faran cavaliere del lavoro;
si ha rotondato il ventre.
Da Nazareno critico, uscito dallo sfarzo della paganità,
fece lo sbarazzino sulle piazze
sgargiando un grande affresco,
cartellone *réclame* del paradiso,
perchè anche il sogno servisse a qualche cosa.
Tenne dopo omelie, poi lesti *meetings*,
col beneplacito della Questura;
or si assicura un posto al Municipio e al Parlamento.
L'altro, il Battista, selvaggio e libertario
fu meno scaltro e fortunato:
lasciò messe di allori e di proventi
a chi, di sul Giordano, avea battesimato.
Il guadagno gli fu che Salomè
giuocò col suo capo, danzando la danza del ventre
davanti a Erode insatirito.
I Filistei nobilitar la croce, postrema utilità,
perchè v'appesero un uomo anestizzato
da quel vecchio scroccone di Giuseppe d'Arimantea,
al terzo dì, prodigio ben risuscitato.
E lasciamoli in pace col loro Gesù,

 136

che, se pur ci ode, non ci ajuta più. » —

— « Dunque, annojarci così,
sempre a guardarci nelli occhi, così?
I polmoni richiedono ossigeno;
vuoi morir d'asfisia?
Li occhi vogliono nuovi spettacoli;
ti va la pantomima d'ogni dì?
E non ti senti dentro
qualche cosa che bolle e che fermenta?
Mangeremo la solita polenta
gravida di pellagra,
e dormiremo al sole ed alla luna,
quando sarà sereno.... e quando pioverà,
al volo inseguendo fortuna ipotetica,
come sempre, così? »

— « Come ti annoi subito!... » —

— « Basta. Non ne sei stomacato?
Io ho frequentato li uomini da bene;
li vidi a rabberciar cocci e cervelli

137

per i tranelli delle pragmatiche;
e li vidi a castrar le poesie
per impiegarle nelle Antologie;
e conobbi li arguti carrozzieri
a reggere le briglie,
o candidi, o pezzati, o variopinti e gajetti,
carrozzieri e ginnetti al carrozzone
di questo baraccone.
E so l'uno, e so l'altro;
l'invidioso e lo scaltro:
colla legge sovrana e statutaria
hanno appeso il civismo alla forca,
perchè dondoli e stia al fresco in aria,
nella pazzesca e varia mutazion delle brezze.
Ed hanno in odio i galantuomini:
li portar, per bersaglio, poco fa,
sulle piazze d'Italia alla sbirraglia ed ai carabinieri.
N'ebber sollazzo e risa i volteggianti
ufficialetti e carrossello degno,
vennero a amministrar buona giustizia,
col piatto della sciabola, scuola per l'imperizia normale
delle sconfitte africane.

 138

Tutto il resto si fece in disparte
per meglio intrugliare, marionette crudeli.
Bestiole curiose!
timide nei salotti come pie mimose,
ma furiosi e pazzi come becchi in fregola,
se li pungi alla regola del vivere sociale
puntan le corna e ruzzano!
Per cotesta squisita civiltà,
per respirare un poco,
per godere la pace,
per esser col Natale in armonia,
per invocarci al bambino Gesù,
perchè non voglia più,...
d'oggi in avanti, permettere ancora
questo.... » —

— « Mai più: zitto, imprudente:
oggi i Giudei fanno da scola piatti,
e ciascun sguattero è confidente nato. » —

— « Per far *tabula rasa*,
oh, letterariamente.... » —

139

— « Con prudenza, si sa.... » —

— « Già l'Asino e il Bue, fanno due.
Stanno in torno alla greppia del Gesù,
presiedono alla nascita di un bimbo
al vagito di un secolo,
evangelisti animali ad insegnare.
Venti secoli al passo dell'istoria!
L'Asino e il Bove,
hanno fatto le prove inutilmente
colla rassegnazione dello stomaco che pesa alla memoria.
Se noi dessimo all'ultimo
la sacrosanta pedata eroica?... » —

— « Tu questa sera, hai cenato male!
Lascia passare, non ti curare;
è carnevale, divertiti per dio! » —

— « Son troppo stanco di danzare al ritmo
della solita *polka*,
e del *boston yankee*,
da quando Cuba seppe le stellette
bianche dell'Unione.

 140

Non pregio il *kake-walk* selvaggio e rauco,
da quando il Leopardo d'Albione il danzò,
nel *welt* insmeraldato, contro ai Boeri,
pronobo Cecyl Rhodes ai bei misteri
della Borsa grifagna nella City,
all'alea di miniere, chiocce sornione d'ori e di diamanti.
Sdegno la Monferrina, intrecciata al suono
del piffero montano, se tutti i montanari
suscitati dal voto vennero a barattare
coscienze con prebende e onori savoini.
Non conta la danza del ventre della Odalisca circassa;
non contan li sgambietti della sivigliana;
non valgono i dotti inchini dei *Lanciers*:
ma mi mareggia alcun poco il minuetto,
da quando, per calmare l'isterismo
di Dama Crysanthéme, tuonarono i cannoni
per le tombe de' Re, nel paese del the.
Son stanco d'inchinarmi
alle solite formole piene di vento;
sono stanco di udire le solite menzogne;
son stanco d'ammirare il solito portento
d'una Nazion fallita,

141

che la sciala e la sbraccia da ricchissima.
Non mi regge il cuore
a venerare questa poltrona
decrepita e tarlata,
frusto da straccivendolo,
e male riparata dai rigattieri della *Magna Charta*,
raffazzonata di velluto cremisi,
rimpastojata nelle dorature,
poltrona paralitica,
seggiolona impotente, spauracchio ed ingombro.
Ce la misero in casa, scovata nei granai
dentro la maggior sala, per far come fan tutti;
ma le stettero in torno e sopra e sotto
tutti gli innumerati farabutti:
pompeggia, feticcio, per li antiquari della Nazione.
Vi hanno chiamato i chimici a ripulirla
dalla mota e dal sangue, ma anche il disincrostante
più efficace e sicuro....
Su, dunque, che ti pare?.... » —

— « Decisamente, non ti serve lo stomaco,
ti patisce il fegato

 142

se te la prendi coi mobili di casa.
Sta zitto. — Scusami, se ti interrompo:
ma tutto quanto si sa si può dire?
Conviene patire il silenzio,
e non dimenticare. Ma le poltrone!
Decrepite matrone infeudate nelle case per bene,
pensionate superbe e taccagne,
lasciale stare, sono decorative,
e, per quanto nocive, venerabili,
Zitto. — Il telone fremita,
sta per alzarsi.
L'*improntu*, che scodellano,
non sarà nuovo, no, perchè non osano;
ma li attori han mutato costume,
come le mostra i fantaccini italici mutarono alla giubba.
Vedrai dei visi conosciuti assai
a ripeter le viete funzioni,
nascoste di sotto a larve inedite:
han verniciato ieri
il mostaccio ai buffoni;
e, per esser di moda;
han prediletto il verde–pallido–acqua–di–Nilo,

 143

l'azzurro ed il rosato; lo stile liberty
s'impiega anche qui
per le contrafazioni.
Son ritornati i giorni d'Atella;
conviene fescennare a paragone;
chi non ghigna è un briccone,
tra tutti questi impostori che sorridono.
Vediam li spettatori come applaudono:
Rospi, Formiche, Ragni ed Allocchi,
Serpentelli e Scimmiotti screanzati
al gioco sapiente del palco scenico!
La Baracca ci espone i suoi portenti
in un'aria innocente e serena:
Tony fa i lazzi; le Ballerine mostrano i polpacci
sotto le maglie bucate; i Pagliacci
se la fanno d'Eroi sulla ribalta.
Li Asini ragliano, i Corvi grigi frullano l'ali;
tira la moda tra il giallo sporco e il bruno,
vi convoca il grugno unto salesiano.
Mandiamo altri garzoni, per la gioja del sesso invertito,
altri cuori innocenti, per avvelenarsi
nei ditterii protetti dall'Intangibile,

 144

riconosciuti dall'Istruzione Pubblica,
altre bambine condiscendenti
in questi asili di prostituzione.
Vengano qui, vengano qui!
farem loro vedere, cinematograficamente,
sequenza oscena di stupri,
la morte gladiatoria per un soldo di rame.
E, zitto, in fondo, zitti, per sempre!
vecchi imbecilli schiamazzatori,
ne scapita il decoro della Nazione.
Lasciatevi affamare, non protestate:
specchiasi la corona sopra la testa
ne dì di festa della prima donna.
Poco fa, il tesoriere strofinò,
coi marenghi di fresco usciti dalla zecca,
delle macchie importune,
e la ridusse tersa, come nuova e innocente.
Questo hai veduto, questo vedrai tutt'ora;
non adirarti, riposa ed attendi,
il programma è tutt'uno, si sa, con quanto non si vuole;
ma bada al sodo.... Domani saprem dire
se una goccia di sangue,

 145

eccellente motivo per l'estetica,
abbia mutato in drama questa scipita politica.
Sta zitto. Sei famoso!
che servono due pugna e il tuo muso ringhioso?
L'impresario è pagato per codesto *vaudeville*;
ma se il passo si muta all'incidenza,
sta certo, ch'ei non volle,
perchè una provvidenza, per quanto cieca ajuta,
non quella del borghese Padreterno,
ma la nostra, ti pare? » —

— « Io, la provvidenza? Io, Domeneddio?
È ciò che ben vorrei:
subito, con un soffio.... *Et verbum caro....* » —

— « Ma sei seccante; ma sei testardo!
Chi vuol presto e sicuro s'avvia tardo.
Fidati. E che?
Non conosci il perchè che governa l'alzarsi ed il discendere
di un telone istrionico?
Se vi mancasse mai la cordicella,
e una rotella non girasse più?

 146

Mirabile virtù.
Sta seduto, incominciano.
C'è sempre un buon Gesù,
sulla scena, al principio,
per terminare coll'Inquisizione....
Buon dì, buon anno!
Sappiam già che faranno e che potremo fare. »

 147

La nuova Carmagnola

« *Cantatela sull'aria della canzone di Calpigi: " Ahi! Povera Nobiltà! "* »
Oldrado, *Le Cose nuove*.

« *Cantà la Carmagneola col Sairà.* »
Bosinada: *Festa de ball per la resc. del Castel de Milan; 1796*

149

Carmagnola!
o Tu sola ne consola,
danza a tondo intorno al rogo,
gira, volta, inneggia, osanna,
frenetica oriflamma della orchestride;
stridi e gridi colle fiamme crepitanti,
esplosione umana,
vento, tormento della Passione,
Rivoluzione!

Carmagnola;
fiamma d'oro della danza,
o tesoro che si avanza
sopra i fuochi distruttori,
per purificar l'ultimo secolo,
tesor rosso e popolare!

Sinfonia di fuoco a San Giovanni:
San Giovanni alle Sisizie,
che rubesta le pigrizie delli oziosi sfaccendati,

151

San Giovanni al Saturnale!
Rogo, per le ragioni della magica,
rogo, per le ragioni della politica,
e, rogo, filosofico e sociale.

Fuoco e lingue pervicaci;
baci che abruciano;
carezze taumaturghe;
fuoco, che stira le lingue in procaci
inlanguidimenti di bisce scarlatte;
fiamme lucide e sapienti;
rogo, s'alterna, al passo della danza,
anche il ballo danzato dalle stelle in cielo.

Fiamma, Stella, ambo sorelle!
Il fuoco alle mortelle arde ma non incinera;
così, nel cuore, pel grande amore di libertà,
non si consuma il sangue.
Fiamme, splendete lungo il sentiero:
bisogna rischiarar questo mistero della nostra vita.
Fuoco, va, scintilla, attizza,
sorgi fiore di favilla,

 152

scroscia piova di lapilli,
sprizza e ghigna, poi sonnecchia,
vagola basso, ipocrita,
azzurreggia e ristà:
ma s'inalbera, risorge,
ma si piega e si ripiega,
crepita sui sarmenti,
si discioglie in torrenti tumidi di scintille e di vapori,
si umilia sotto le bragie velate,
si crogiola nei ceppi gemebondi ed umidi.

Fuoco di San Giovanni, sopra ai prati
diamantati di fiori e di rugiada,
consolatore caustico,
signor dell'a venire,
memoria eterna della vittoria
sopra tutti l'Iddii,
furto miracoloso di Prometeo;
fuoco, fanfara che ride e squilla,
fuoco, danza, Carmagnola,
o Tu sola ne conforta
colla tua fatalità.

 153

Bolle la terra e bolle il cuore,
non vi è colore miglior del rosso.
Ama la pecora ed il caprone;
punta le corna il toro.
Sta l'uomo intento nel risveglio enorme;
se stesso dona, carne e pensiero.
Aderge alle nuvole le pugna contratte,
lacera il velo della infecondità,
uccide la Menzogna.

Perchè sin qui rimase in sulle soglie
d'ogni cosa contrita e contrafatta,
numerando le doglie della nostra inerzia,
grigia, abbrunata, accasciata Impostura?
La luce ai culmini sfoggia il sincero
potere della Vita irrefrenata:
dov'è il cammino che ne vi conduce?
Sui passi della danza, in lunga schiera
vibran, tra i vortici della bufera, i giorni consacrati al [divenire.
Dalli archi rossi in mille entusiasmi erompono
vermiglie battaglie vittoriose.
Combatter per la gioja, gioir la libertà:

 154

arme ritrova la Ribellione nelle figure della canzone,
d'arme la veste la danza selvaggia,
per chi l'oltraggia nel suo cammino;
arme pel sogno della Passione,
che frenetica al fuoco e s'incorona,
sulla Vita e la Morte nella sua maestà.

Fuoco, adunque, risollevaci,
rapiscine con te, su, in alto in gloria:
sopra lo spalto delli astri in fortuna
la coscienza umana si raduna,
in riverenza di se stessa, persuasa:
tornato è Bacco dall'India trionfante,
ad impiccar di nuovo Cristo in croce.

Sprizza, va, scintilla attizza,
nella bizza del pitocco:
esaspera il sesso delle prostitute,
arma di ciottolo la mano scabra
del bastardo vagabondo;
nel profondo dell'anima incoraggia:
precipita e confondi

 155

superstizione e libertà,
lecito e arbitrio,
virtù e delitto;
nel conflitto secolare,
tra l'imperial straccioneria e i ricchi,
soffio, furia, devastazione:
i pasciuti riusciti a pontificare,
dopo il dominio breve, si preparano le bare.

Carmagnola!
la vivuola stenta e manca
sulla corda nobiliare:
ma dal piffero plebeo
fischia il suono del momento;
ma le trombe inrauchite
squillan diane di spavento;
ma determina il tamburo
il rullar aspro e sicuro,
e s'incalza al movimento la Rivoluzione.

Ha fatto scuola la filosofia,
ciascun vuole un posto al sole:

 156

la speranza si rinfranca
sotto alla Lanterna.

Tal fu, per sempiterna ragione di sommosse,
sopra l'ondivago mar parigino,
forca spiccia e improvvisata pe' Fermieri:
tal fu a sedere, su seggiole stemmate
nel palazzo del Comune conquistato,
tra i commossi e sbracati Consiglieri;
tal fu ad adorare col voto popolare
la Santa Ghigliottina.

Carmagnola!
Dalla picca si dispicca il sangue vivo,
e quel Re con sua Regina
impastaron la farina con il sangue de' Signori.
E vi furon Cittadine, in quei giorni burrascosi,
ad alzarsi di mattina, belle, fresche e sorridenti
per sdrajarsi, in sulla sera,
nella melma fredda e nera della tomba promiscua,
tra li amici a testa mozza,
necessarie vittime e inconcludenti

157

ai passatempi della mannaja pubblica.

Santa, rossa, audace, intensa purgazione:
risponde lesta al suo perchè.
La bufera scardina e detuona;
china il capo, passa presto:
rialzate la sottana, rimboccate i pantaloni,
è allagata ogni contrada da vermiglie inondazioni:
rubini liquidi fan da rugiada a tutti i fiori.
State quieti e inchiavacciati:
chi racconta tutti i baci
della lama tersa e schietta
sopra le nuche prone a riceverla?
Quanti gilii ha ben reciso
la civica fioraja dalle ajuole aristocratiche?

Carmagnola, oggi non più;
ma facciam meglio:
pel secolo trascorso, coll'ingegno più sveglio,
con più fresche speranze,
abbiamo sorpassato la consuetudine.
Abbiamo per ministra l'elettricità,

che non falla, e, a richiesta, dispensa
scintille ammaestrate alla distruzione;
e nel silente laboratorio chimico,
tra le cifre i lambicchi ed i fornelli,
prova e riprova l'ironico sapiente,
calmo e metodico combina polveri,
sulle ricette astruse, per fulminar la gente.

Carmagnola, non temere,
la tua fortuna trionferà:
già s'incresta e si rubesta e gavazza a festa
per le vie e le piazze.
Viva a Te, e fatti onore;
scoppia come un cuore di gemme e di bragia,
o come una bombarda,
a far men tarda la Redenzione
se verrai, come sarà,
a giudicare il Secolo col fuoco,
De–profundis e *Ça–ira*.

A Te sola l'augurio vola
sull'ali aperte e brune della febre;

159

in Te si accende e si protende
il desiderio unanime.
Danza, or su, va in frenesia
ballo ardente della estate,
fiamma d'oro della danza,
movimento imporporato,
sacro e audace sentimento,
sopra il rombo del cannone,
balla, or su, Rivoluzione;
fiamma e bacio, baci e fiamme;
San Giovanni al Saturnale,
Borghesia al suo funerale;
e conferma al bel natale
la pezzente Umanità
sulla nostra civiltà.

Carmagnola,
danza, a tondo, in torno al fuoco.
gira, volta, e, a poco a poco,
t'acquieta e sta....

 160

SARCASMI

« Oggi è tempo di Satira! »
Oldrado, *Le Cose nuove.*

« E per l'odio una saetta. »
G. Carducci, *Alla Rima.*

161

Il Patto colonico

« Tuum auxilium in praesenti perturbatione
et angustia experiar. »
Oratio ed Divum sine altare.

163

— « Voi lo vedete, nulla ci riserbiamo,
tutto è vostro, anche Noi;
e siam dei frusti Eroi
per un lavoro diuturno e grave,
siamo dei miserabili che fidano
la vita loro allo sforzo de' muscoli
a dirompper la gleba, a falciare le spighe.

Ecco, prendeteci.
Questa è la forza umana che si piega
al monotono ufficio di machina.
Il cervello non vive.
Li occhi si abbacinan sul rispecchiare
del mare immenso del grano incandescente.
Mareggiano le spighe, morbide e lente,
onde d'oro e di fiamme nel cielo.

Ecco, dunque, prendeteci.
E per quando la piova si riversa,

165

e rinnova l'acquitrino nei prati;
e per quando il rovajo insidioso e arguto trova al sajo
li sdrusci per ferirci a pelle nuda;
e per quando si gela e si suda, e d'inverno e d'estate,
curvi spezzati ed offerti alla terra,
noi ci prestiamo; fors'anche canteremo.

Saranno i lontani stornelli malinconici,
autoctone voci primitive, un dì de' signori del suolo
ed ora delli schiavi;
saranno ballate montane alle sorgive acque recinte di narcisi
e grida dentro ai freschi delle selve discrete; [freschi
saran pastorali, incensieri vocali delle cime
tra i ceri oscuri dei cipressi vegghianti;
e i patrii canti agonizzanti su labre villane italiane!

Si, prendeteci tutto,
se è necessario che si debba vivere;
Noi proferiam Noi stessi ed indistintamente,
poichè dobbiamo, ma non desideriamo vivere ancora.

Pure, almeno, nutriteci.
Fate in modo, Signore,

166

che tutte queste machine viventi
non rimangano immote, se i fomenti,
come vuol la Natura, difettano ai fornelli.
E, almeno, promettetecì, Signore,
che al fornello non cessino le legna,
che le suste di carne non s'allentino
su braccia denutrite (il cervello non conta)
che le mani terrose possano sopportare
il peso della marra lucida ed usata.

Ed abbiate pietà, se vi pare, Signore,
dei vagiti in le culle, voi che sciupate vezzi e trine e sete
per le bionde fanciulle nel capriccio di un'ora;
ed abbiate pietà
del pianto delle vecchie e delle madri,
voi, che scialate ipocrite memorie sui gentilizii mausolei
dalle scolpite borie a pompa richieste
per riverire i morti oppressi di ricchezze e di delitti.

Accidiosamente lasciateci vivere,
nel tugurio depresso, nella tana,
cripta, tra le radici delli alberi,

o in troglodita palafitta ondivaga
nelle risaje e nelli stagni putridi,
vecchia famiglia disprezzata e pia
ai ministeri dell'agricoltura.

Ma, per pietà, guardatevi, Signore,
e sappiate le nostre miserie;
e se bevete il vino,
ricordate la mano che dispiccò dal tralcio
il liquido rubino che vi inebria;
e se mangiate il pane
lasciate che anche Noi non si debba morire di fame.

Ma, per pietà, guardatevi, Signore:
e non tentate la falce benigna;
non irritate il pungolo
sapiente georgica alabarda, correttrice sui buoi.
Voglia la falce ancora ammettersi nel ritmo
consüeto nel prato verde nè s'invermigli,
e ritto il pungolo vibri in sul tramonto,
fiamma d'acciajo, nel placido ritorno
dai solchi sommossi, aspersi di sementa, affratellati.

 168

Così, vedete, vi diamo sempre Noi,
divinità telluriche e solari,
dimenticati Eroi della Mitologia,
Fauni, Egipani Satiri, Driadi ed Ondine e Ninfe;
Giorgio seminatore e cavaliere,
ipostasi di un Marte cristiano:
siamo sempre le Cause ed i Fatti, Demiurghi insieme e
[Schiavi,
il principio e la fine,
germinazione e messe,
il frutto e le promesse,
colui che suscita, vuole e produce,
chi vi porta il sorriso rappreso di rugiada dei fiori e delle
[viole,
e l'oro lungo e riccio del frumento,
le limpide perle dei petali,
il liquido argento dell'acque:
e tutte le ricchezze della Terra.

Ora, prendete queste divinità gloriose e decadute;
ma abbiatene pietà: che non muojan di fame ».

— « A suggellare il Patto tra il presente e il futuro,
come vuole la favola satanica,

o ridicole forme d'omiciattoli, gonfiati di retorica,
ci apprestereste ad inchiostro il vostro sangue?
Macchie di sangue sulla pergamena consacran l'epirema;
confermano l'arresa a discrezione. »

— « Oh Signore, volete rispettare il demoniaco cerimoniale?
E chiedete la penna molto intrisa
dentro le vene nostre e il sacrificio,
di qualche vita, Signore, e il probante ausilio della Morte?
Oh, chiamate, Signore,
per questi Miti sfatati e incatenati,
i grigi e snelli fucilieri del Re:
noi vi staremo a bersaglio coi petti.
Intingerete, poi, la penna nei laghetti
che si raggrumeranno al sole, in sulla via.
Prescrivete: firmiamo: uccideranno. »

— « Tal sia! »

 170

Meeting!

« Le parole dei ciarlatori di professione sono come il fumo: insistono ad aria tranquilla ed infastidiscono; ma se il vento soffia si disperdono e svaniscono. In generale, sono l'unica azione che si permetta la vigliaccheria attuale, per conestare la sua fiacca e poltrona inettitudine. »

Oldrado, *Le Cose nuove*.

« *Words! words! words!* »

Shakespeare, *Hamlet*.

Cielo crepuscolare:
delle nuvole pazze a volare,
nuvole di scarlatto sotto vento,
bandiere accese a gridar la rivolta
contro il governo del Padreterno.

Bufere in terra:
una Folla si pigia ed ondeggia,
qua e là schiumeggia di volti pallidi e lividi;
urla e sferra la gonfia minaccia;
a stento i palazzi della piazza urbana
costringon la marata popolare,
dighe fittizie e posticcie alla rabbia:
ribolle la Folla e s'incresta
di gonfaloni rossi,
come le nuvole, si accende ed impazza.

Erto il Tribuno, nel furor politico,
sovrasta e declama e si sbraccia:
due popolani lo reggono a braccia.

173

— « Sì, per voi, e, per sempre, per voi;...
con voi tutt'ora,... poi che siete li Eroi
delle vicine rivendicazioni;... »

Romba l'applauso come una cannonata.

— « .... perchè dal vostro grido volontario,
sorgono del futuro le basiliche:...
la civiltà pacifica, umana e liberata
dalla superstizione e dal servire;
candida pace come una colomba
che trasvola tubando d'amore,
gilio volante del vostro fervore;
rossa pace incendiata come un cuore
di passione al reciproco diletto
del sacrificio compartecipato.
E se in oggi, pur troppo, la pazienza,
si rubesta al coraggio della lunga astinenza;
provate, Amici, a volere, a pretendere;
io pretendo con voi, umili Eroi
del diuturno lavoro defraudato!
Ecco, s'intumidi l'onda benefica della sommossa,

 174

smantelli e sommerga le mura decrepite,
imposta impostura millenaria
della esosa Città,
prigione ai sensi nobili e sereni,
ergasterio alle membra affaticate e non pagate.
Luccica la Città, sciala ricchezze vostre....
oh, ricchezza d'imprestito, sudore
non pagato e rubato....
Provate!
L'Oceano attinge alli scogli, li infrange e li inghiotte. »

Uragáno di sotto nell'oceano
delle teste riverse e commosse.
Il firmamento è tutto incendiato.

— « *Pel giorno profetato....*
(oh gesto molto estetico,)
questo mercato di carni, d'onori, di vite.... »

Ribollon l'onde umane dell'oceano;
braccia nel sangue dell'ora occidua,
braccia a rizzarsi e pugna. La rivolta.

 175

— « *No, non per ora, no;...*
Ora, l'arma più duttile e sicura:...
il voto. — A me, per voi,
poi che siete li Eroi oscuri e disprezzati
di tutta la grandezza, di tutta la bellezza della Patria
a me, che sono tutta la coscienza vostra,
nato da voi, per voi,... »

Riso d'azzurro pel cielo si mostra
foriero della luna,
dentro una chiostra di timide viole,
dove le fiamme rosse agonizzano
molto tenere e miti, e le parole
liricamente squillan la fanfara
che il buon tempo prepara, in sull'ajuto
dell'urne affaturate e lusinghiere.

— « *.... e starò contro ai tristi facitori*
di leggi che vi affamano;
sarò l'anima vostra che grida, rampogna e condanna;
e darò tutto il sangue in contro ai privilegi,
alle carceri orrende, alle guerre, alle stragi....

 176

pel Sol dell'avvenire,...»

D'oro una frangia di nuvole passa
sulle viole del morbido tramonto.

— «.... *tutto me stesso, per la causa santa,*
santa missione di redenzione.
Essere tra le schiere dei giovani fatali,
che daranno la vita al cruento Poema
della incondizionata Libertà;
essere tra coloro che sommoveranno
coi gesti disperati e generosi l'evento,
sacrificate vittime di carità:...
perchè risplenda, corruschi e sfavilli
la stella della Patria e della Umanità,
patrocinata dalla medaglietta,
che ciondolerà, suonando, limpida e schietta,
tra i medaglioni dell'orologio;
perchè s'affranchi la vostra coscienza....
alla sapiente dispensa dei voti, io, Deputato;...
Amici,... o Cittadini!...
e morire con voi all'aurora....

177

del bellissimo giorno disputato;...
sì, morir per amarvi... e per legiferare.... »

Gocciano sui riarsi volti delli uomini
lagrime d'entusiasmo;
riarsi all'officina e riarsi dal sole,
sulle machine lucide,
per il lucido aratro.
Umanità bambina!
L'epica ancor declama,
nel giorno che declina,
l'epos de' Semidei.

Semidio, il Tribuno,
apre le braccia e semina
ipotetiche gemme, tesoro d'eloquenza.
Germoglieran le gemme?
Stende le braccia in croce,
crocifisso Gesù per la politica.
Un nastro bianco e rosso non sbadiglia,
male nascosto di su l'occhiello?
Due popolani lo tengono a braccia,

178

sulla bonaccia del mar popolare.

— « *E per l'enorme e sacra Libertà!...* »

Conserte al petto ripiega le sue,
fieramente, il Tribuno ed aderge la testa.

Delirio! Burchio di gioia barcheggia
di sopra al flutto dell'ovazione.
Antica processione di trionfo,
Umanità bambina,
niente indovina e smemorata;
trionfo or si ripeta per decrepita istoria;
ma senza la memoria a che serve
la scienza enorme del secolo?

Cielo violaceo e azzurro in lontananza,
pacato cielo costituzionale;
le nuvole viaggiano alla notte
in tenera ordinanza, nubi domesticate;
precedono la luna.
La piazza già s'imbruna:

 179

sbucan le stelle; fortuna d'argento;
e la Luna compare sorretta dal vento.

Sogguarda strabica dietro a un comignolo;
ghigna, sogghigna,
Luna maligna. Che vedi giù?
Quanto bolle fuor esce in sopra più,
valvola il *meeting* di sicurezza,
per l'imminente schiettezza del voto popolare.

— « *Sì, per codesta enorme e sacra Libertà!* »

La Luna guercia dal cielo si fa
sulle due corna acute del dilemma:
ad oriente, ad occidente?
e per la forca, o la lanterna?
Libertà ambidestra e sempiterna.

— « *Per chi si intende a buggerare,* —
ghigna la Luna, —
s'attinge con sapienza
a molte e rapide compromissioni

 180

tra la corona ed il berretto frigio.
Da chi, senza parere, si fa ligio
all'una e all'altra cosa,
portasi rosa bianca ed un'altra vermiglia,
e m'assomiglia a vecchia prostituta;
per colui che s'ajuta,
sopra una cosa e l'altra,
e ha lingua scaltra ed untuosa
a servizio d'ognuno,
con una predica di gesuita
e un fervorino di socialista,
trova il suo conto nella partita.
Sorge dal fango dell'urna politica
tra il si ed il no sovversivo,
Deputato, a far coda al Governo,
feudatario in diminuzione:
per esser un perfetto cinquecentesimottavo
scampolo di re costituzionale,
Arlecchino pezzato al carnevale della pigra Nazione:
per sedersi lacchè nell'anticamere,
colla funzion del Veto,
per l'avanti e l'indietro,

181

sulla solita canzone che conforta ed assicura
protezione e sinecura ai farabutti. »

Vacilla il corpo del Tribuno peso
di retorica grossa ed incompresa,
la testa aureolata
da lunga zazzera discapigliata,
come raggiera a un ostensorio
barocco di un tempietto rituale:
stanche le braccia popolari dimettono,
finalmente e sommergon nella folla
fede, speranza e voce,
tutto il Tribuno all'arringo feroce.

Ultima eco, gorgoglio sul mare
delle teste pacifiche, umiliate;
— « *Riporrem Libertà sopra l'altare*
delle umane conquiste irrefrenate! »
Quindi un tonfo ed un murmure; l'oscurità.

Rabagas, per lo scettico burlone,
ha lunghi odî e biechi e vendette secrete;
ha ragioni più care

182

per fiorir di galere a buon mercato,
stati d'assedio e mobile giubbetto,
ottimo risultato del voto popolare.
La Luna guercia, in tanto, in sul cielo si fa
sulle due corna acute, incontro, con flemma
sbadiglia ancora: « *Libertà, oh dilemma!* »
e la promette con cinico diletto.

Nella frusciante e instabile Città,
la piazza addormentata s'accontenta
sulla malizia della ambiguità.

183

Canzone alle Prostitute

'Εταίραν δὲ τις παραλαβὼν πέντε δραχμὰς τὸ μίσθωμα δοὺς καθένδει ἀποστραφεὶς δακρύων καὶ στένων; ἀλλ'οὔτε πέπωκας ἡδέως, οἶμαι, οὔτε δειπνῆσαι μόνος ἠθέλησας· ἔκλαες γὰρ καὶ παρὰ τὸ δεῖπνον, ἑώρων γάρ· καὶ νῦν δὲ οὐ διαλέλοιτας ἀνολολύξων ὥσπερ βρέφος.

ΛΟΥΚΙΑΝΟΥ-ΕΤΑΙΡΙΚΟΙ ΔΙΑΛΟΓΟΙ.

« Haec tria sunt insatiabilia: infernus; os vulvae; et terra quae non satiatur aqua. »

Nicolas Bohier.

« Autrefois, on avait de braves fille de la campagne qui, pour le gosse en nourrice où la vielle mère au village, trimaient du soir a l'aube, abataient de l'ouvrage, et devouées aux maîtres, prenaient les interêts de la maison. »

F. Lorrain, *La Maison Philibert.*

— « la conscience obscure de n'être plus une personne maîtresse de son libre arbitre, mais d'être une créature tout en bas de l'humanité.... »

Ed. de Goncourt, *La Fille Elisa.*

185

NOTIZIA

> « *That 's shocking!* » esclamazione normale di Mrs Grundy, la quale, presbiterianamente, propone di vestire d'un *pyiama* anche il *David* di Michelangiolo: come del resto vorrebbero tutti li ineffabili moralisti d'imbecillità, che si affratellano nelle *Leghe contro la pornografia.*

Nel 1894, Doménico Ghidoni, scultore oggi salito in fama, aveva esposto in una delle solite mostre milanesi, che allora si avvicendavano, un gruppo in gesso; e lo chiamò *Le Schiave*, facile, sentimentale eufemismo per indicare *Le Prostitute.* — Ottima plastica, nobile concetto e vigoroso. La Commissione di uomini pudichi e certamente monarchici, perchè le sale di quella fiera d'arte e di panificazione avrebbero dovuto essere visitate da una augusta persona, dannarono le statue all'ostracismo. — *Le Schiave* si mostrarono, dunque, pubblicamente, da una bacheca aperta sopra una via, dalla quale avrebbe dovuto sfilare il corteggio e la pudicizia dell'inclita, benemerita e real comitiva. Lo spunto plastico, suggerito da reminiscenze stecchettiane e maupassiane mi eccitò a paragone. — Del resto, era il tempo in cui il Grosso si vedeva rifiutare una sua tela: *L'ultimo convegno* per le medesime ragioni, a Torino. — In una bara scoperchiata e deposta in vigilia dentro una catedrale, il cadavere di un Giovanni Tenorio veniva visitato da tutte le sue amanti nude e folli, tra i ceri ed i drappi neri. L'idea pittorica derivava da Baudelaire e da Barbey d'Aurevilly, usciva distintissima, fresca, romantica e moralizzatrice. — Non vi sono del resto che i preti di tutte le confessioni ed i vecchi signori senatori ad uso Béranger che osino confondere l'arte colle oscenità della Bibbia, o di Sant'Alfonso de' Liguori.

186

— « Silenzio, sfacciate, là in fondo:
siamo davanti alla gente per bene
e non convien sfoggiare, come fate,
seni, coscie e groppe nude,
malizia, impudenza ed albagia:
silenzio, dico, Signore innominabili,
passate, non so come, in questa radunata,
tra bronzi e marmi misti
d'ogni e qualunque divinità, disposti
in bella luce alli occhi delli ammiratori,
dentro alle gallerie di tela, di gesso e di cartone
che sogliono chiamare « Esposizione; »
silenzio, svergognate.
Per Voi, parla più degna la Canzone.
Ella sa far l'inchini dignitosi,
seria, composta, distinta ed accetta;
sa comportarsi e discorrere insieme
ai Signori in tuba della Commissione.

 187

Basta lo strepito: l'aula officiale,
che, oggi, sbagliando, vi ospita
e che tra poco vi rifiuterà,
non è il chiuso zenana officinale,
non il dicterion–gineceo permesso
delle oscure viuzze cittadine, patrocinati dalle questure.
Per entrare qua dentro non vi è tassa fissa:
si paga, o meno, o più, secondo i gradi;
varian tariffe secondo difettano i galloni:...
le teste incoronate non pagano niente.

Tutto gratis per loro!
Sopra a questo valsente negativo
si fabricò il bel dogma dell'imperativo divino e regale:
s'aprono, senza ambagi e reticenze,
uscioli, forzieri, alcove e sesso.
Le scale facili della *Maison–Tellier*
anche sorridono, scricchiolando al passo
che le preme, e ridono
nelle quercie apocrife quattrocentesche,
troppo onorate, gratuitamente.
Tutto gratis per loro;

188

anche l'onore e l'amore de' sudditi,
col sopracciò della spietata critica che vi appresta
esilio e condanna, o sopprime,
al libito, l'ingombro dell'augusta tresca

No, non parlate; non voglio.
Per questo, sì, per questo vi sequestreranno,
lingue fesse e pornografiche,
linguaccie preste ed unte di trecche mulinanti
ingiurie, vituperii, enormità verbali e violente,
labra sapienti, dipinte in rosso,
orgoglio gorgogliante di fellatrici;
non si parla, no!
Giustizia vuole così: tenebre e silenzio:
e al bizzarro Scultore, che vi diè fuori tumide di vita,
pensiero generoso composto in sulla creta,
anime e ribellione, belle sdrajate, false passive,
e crudeli ed intente e lascive,
Tre, come le Grazie, ancora Grazie nella corruzione;
all'Artista beffardo e scostumato,
lo sdegno naturale e la riprovazione delle oneste persone.

189

Per quale capriccio indecente
darvi passo per l'Arte, che si piace
di tutte le fandonie inconcludenti,
riporvi collaudate e rispettate sotto il lucernario
al libero contatto della cittadinanza,
ipocrita, melensa e reticente che finge d'ignorarvi?
Voi, che tutti conoscono, Fifi, Gretchen ed Adriana,
le Tre rincorse dalla lussuria economica e spiccia
del figlio di famiglia e del sensale
e dalla polizesca visita cotidiana?

Voi non potete uscire per le strade;
vi si interdice il suolo e l'aria sana,
o cruogiolate e ingiallite nel fumo acre del tabacco;
rifasciate d'adipe, di cenci inorpellate,
affaturate dalla nevrastenia,
postreme Odalische a richiesta d'ognuno;
carne al piacere protesa e abburattata,
carne protocollata, pei vinti, li ubriachi e per li esausti,
pei vecchi insatiriti e i soldatini epilettici di nostalgia.
Vergini e dame passeran di qui,
giovanetti e bambine;

190

le sorelle, i fratelli, i figliuoli
de' vostri plurimi mariti di ventura,
e le rivali, mogli o fidanzate, suscitate
dai casi curiosi della fornicazione.
Domanderanno; avranno risposte condegne;...
qualcuno arrossirà di ricordarsi la prima lezione d'amore.

.... Oh, impudiche beffarde, qui, no;...
via, al richiuso; ferriate alle finestre,
custodi alle porte, mammane:
oggi, il vizio pandemio che bulica
gorgogliando nell'ampia Città,
oggi, balli all'oscuro, in secreto, il trescone
onta e ribrezzo della civiltà:
ancora i tristi dì della menzogna
scialano, ai caldi soli della Patria,
monumenti bugiardi all'egoismo,
sfarzi e memorie di marmo e di bronzo
per li allori rubati alle vittorie
d'altri eroi innominati, come Voi, Prostitute,
per curva e scellerata piaggieria
alla bieca e trionfale vigliaccheria:

191

.... silenzio, là in fondo, sciagurate;
Voi non potete parlare;
lasciatevi in pace vituperare.

Colpa vostra, ragazze;
vostro Padre burlone ha preteso per voi all'Olimpo:
pure l'Olimpo non è il Bordello,
è meno utile, ma più apprezzato;
non è il tinello della galanteria,
ma il festino orientale dell'inversione:
lasciate andare queste eleganze,
scendete a terra,
accontentatevi, come noi tutti
delle comuni e solite pietanze;
siate morigerate alla natura.
Oggi, lo so, molta magistratura costituzionale
trae a Voi col vizietto eccezionale,
isterica e pedante e un sottinteso in corpo di morale....
e pregia in Voi.... Zitte, briccone....
Quassù, all'Olimpo, Ganimede ed Ebe
bastano ai ghiribizzi di Giove, di Giunone
e per il seguito della divina Plebe.

192

Protervo vostro Padre, che vi trasse fuori all'Esposizione:
in queste strambe aurore climateriche
tutti i galli si increstan di speranze,
sgolan fanfare, sfoggiano burbanze
barbare e patarine.

Colpa vostra, ragazze,
uscir dal chiuso per scalar le cime,
dove, in omaggio dell'Academia,
ventri, poppe e natiche scoperte
son l'esche erotiche di tutti li occhialetti;
uncinan desiderii e fantasie
sulle sbagliate intime anatomie;
suscitano rossori, secrete compiacenze
alle sbiadite e sagge signorine,
ai maliziosi e smunti scolaretti,
se vengono a sbirciar, di sotto via
le foglie di fico iperboliche,
i nascosti perchè distintivi
tra il muschio e le vallette ripiegate dell'inguinaja.

Colpa vostra, concorrere in disputa

193

colle plurime e antiche divinità d'ogni clima e tempo,
che si dan compiacenti per modello
al nobile scalpello della statuaria. —
L'Anadiomene s'anca in curva callipigia;
l'Ebe arrotonda i fianchi e si comprime il ventre
asciutto e intatto alle golosità de' vecchi areopagiti;
le mamme sporgono quelle Baccanti;
agitan tórsi e caducei braccia tornite e modellate;
Antinoo gareggia con Narciso,
l'uno tormento d'imperator filosofo,
l'altro invaghito di luna e di sè stesso;
Adone, sdrajato bocconi, commenta,
alla terra sonora, il secreto amoroso
che lo volle amante della strana Astarte:
Fauni incoran di rose le Ninfe
prese e compresse dalla foja eterna.

Classiche positure, eccitamenti;
gambe e braccia in arzigogoli;
serpentare di chiome alla furia di bufere assenti;
disturbare la calma compostezza delle membra in riposo
nella smania bizzarra che le allaccia;

bocca a succiar la bocca;
ginnastica barocca; acrobatismo aretinesco
sbocciato al fresco dell'Istituto;
mirabili e marmoree bestialità.
La Leda prona al Cigno;
Pasifae al Toro a cui soggiace;
Salomè danza col teschio mozzo in mano;
Ninon e Imperia sorridono tra i riccioli;
lezii, graziette e morti sadiche;
occhi rivulsi di tutte le Martiri;
Lesbo schiumante in frenesia;
Batillo che accetta carezze dal Vecchio;
casta Susanna tra i tre Vecchiardi ebrei;
Caterina da Siena che vien meno alle nozze ascetiche;
e Teresa ubriaca d'onanismo e di succubi
a delirare colle labra contratte;
nuova e stantia mitologia,
pagana e cristiana,
altre e diverse estetiche, permesse oscenità;
Olimpo, Olimpo,
tra i furbi, l'impostori e i deliranti,
di tutti i paesi e di tutte le età.

 195

Perchè, vedete, ragazze di tutti,
ecco, le faccie grasse dei banchieri,
ed i musi infrolliti de' lerci usurai,
il grugno intrufolato delli eroi da comedia,
le smorfie d'etichetta de' notai,
e il sogghigno che rialza i baffetti
ai biscazzieri e ai *sportmen* di buona compagnia:
faccie d'ogni retorica;
santi bricconi e autentici;
ministri compiacenti e ruffiani emeriti,
magistrati politici clementi ed intogati;
Papi e Re bagascioni e Imperatori,
nobili, cavalieri, industriali e signori;
busti, pose, parrucche, favoriti,
occhi di volpe, di faina e di topi,
ed occhi porcellini lagrimosi;
nasi adunchi, voraci, camusi,
nasini *retroussés* di maliziosa civetteria;
gardenie al finto occhiello, scollacciature raffazzonate:
ballerine, signore e regine,
benefattrici e manicure
spose, cavallerizze, bardasse e belle impure,

 196

per chi ha pagato, o pagherà,
a richiesta del vuoto malinconico
delle vedove piazze delle Cento Città;
per chi farà costrurre avelli ai cimiteri,
pei sacri e lagrimati ministeri delle menzogne postume;
per la divinità del dì che corre;
non per Voi, ragazze, ultime veritiere
sfacciate a disonore
della ipocrita e nostra perplessità.

Perchè, vedete, io so meglio di Voi
la vostra grazia fiera e inconturbata,
ed il valore che vi insempra eterne.
So la potenza a Voi franca e concessa
dal magistero delle vostre reni,
Sacerdotesse al lubrico passo e fatale
della vita in crisi di pubertà.
A Voi, dal tempio, la Buona Dea
sterile e fiera manda il saluto;
colle Vestali ai riti di Rea partecipaste,
sacrificaste nei lupercali orgiastici.
Ogni religione vi richiese;

 197

volle, tra i fumi de' tripodi, godere
lo sfarzo roseo delle vostre carni,
sacrificate ancora dal dito rituale nello stupro,
collettrici di Astrate bruna e punica.
Sui crotali a danzar, quando la luna s'incorna
al fiume sacro, a Benares, ritornano
le Bajadere d'ambra costellate di perle e di zaffiri;
torcon le terga e la capigliatura serpenta sul dorso falcato;
Voi, per l'estreme revulsioni d'amare,
rullando il ventre nel giro de' fianchi,
moresche giuocoliere di Tangeri.

E viene sul ritmo dell'anno segnato,
se primavera gonfia precoce,
se sbocciano le primule più fresche alli steli,
se i seni s'inturgidan erettili ai giuochi,
che la lussuria ingenua impara al pubuscente;
e vien la febre rossa e dolorosa.
Spasima il cuore, farnetica la mente;
riverso concede sè stesso alla brama
il calice intatto che vuol rifiorire....
completo e perfetto, già frutto nel fiore....

 198

Oh, notti tremende ed insonni: vane delizie nei sogni....

Tutta l'anima umana a boccheggiar sul sesso;
tutto il corpo a pretender l'abbraccio!...
Voi, dunque, a compatir misericordiose,
a prestarvi, a lenire lo spasimo,
creature indifferenti, o ministre di vizio e di bontà.

Perchè conosco il vostro pensiero strozzato
tra le lagrime a volte, sempre nel vino:
le angoscie che vi increspano le labra,
col belletto colato in sulle smorfie stanche. —

Conosco, Fifì, la visione che vaga nel fumo azzurrino
e ascende, a spira, dalle sigarette,
esalata da un singulto nell'ultimo sorso di birra,
in sul disgusto dell'ultimo amplesso.
Vedo, con te, l'umile cascinale, dentro la prateria,
magicamente balenare al ricordo,
di tra il frutteto opimo, l'anitre diguazzanti nel pantano,
i campi estesi e piani, intermessi ai rivoli,
e fluttuare le spighe del grano

199

come un tappeto d'oro sciorinato....
e fremere confusi e dissoluti,
diffondersi e sparire in nebbia, lontano. —

Conosco, Gretchen bavarese, apatica piccolina e grassoccia
coll'occhi di turchesse grandi e chiari,
che sotto ai baci battono inquieti,
col seno molle, senza freschezza;
conosco il sogno biondo e troppo azzurro
di cui or viene il liceista in traccia,
goffe le mani e i bitorzoli in faccia,
seguendo il tuo sguardo svagato,
pregiando li artifizi che gli uccidono il sogno,
oh, quanto sciocco, oh! quanto generoso,
se insapida di grazie il momento
sull'offertorio sciapo e consueto del tuo concederti pro-
se Catullo e Teocrito concorrono al pimento [fessionale;
coi distici imparati sulle letture gramaticali.
Ma so, Gretchen, il pianto di mezza notte
tra il sito de' cosmetici e l'alito
del sudor belluino evaporato dentro la polvere,
tra lo scordato strimpellar del valzer.

 200

Cupa, remota, stormisce mormorando una pineta
e l'ombra delli abeti minacciosa
non vieta il canto al rosignolo:
un castelletto bigio dentro a un parco,
il crepuscolo indugiagli sui vetri opale in cenere:
la corriera ritorna su per la strada antica,
scuote la sonagliera, all'invito, arrochita.
Rimpatria Faust, o Werther?
La barca ammarrata sul fiume aspetta;
stretto sedile, esiguo letto incomodo.
Oh, Gretchen, e voi?... — A mezza notte,
singulti al singulto del valzer: li occhi filano lagrime,
ritta sul busto a ricordare. —

Ma tu che ridi, Adriana, trasteverina e fosca
come una nuvola incendiata dal sangue del tramonto,
tu che concedi il tuo corpo come un calice
aperto ed assetato di tutte le più ardenti voluttà;
per chi si infigge fondo nelle treccie,
lungo, lucido, acuto, come il tuo bacio che morde,
forte e d'acciajo come un pugnale, il tuo spillone,
eretto e provocante? Per lui, per te?

 201

Destinata vendetta, od espiazione? —

Or sì, dunque, cantate, Sorelle:
nessuno vi impedisca di sofrire
in faccia al mondo de' nostri delitti:
cantate, Martiri, disprezzate e impudiche.
Dica la nenia tutto il bene ed il male;
voli in delirio la carne vostra sopra l'incanto della poesia;
il vostro spirito, smarrito al soffio della passione,
anime osanni, anime a pascersi di luce per vivere
e fuori e finalmente dalla doppia prigione. » —

(Mormora il canto basso, tra il ridere e l'affanno;
giocano perle fini e ciottoli immelmati
nel rauco canto dell'armonìa da trivio:
parlan le bocche aperte livide ferite obbrobriose;
dicono i sacri vanti de' sessi frequentati e insteriliti.)

— « *Codesta è nostra gloria.*
Noi siam le briciole cadute nell'orgia,
tra i fiori e i moccoli schiacciati ed i frusti,
il disgusto e la nausea di false leccornie

 202

rivedute all'alba che inciprigna l'ubriacatura.
Siam le lampade spente dell'altare
verso cui turbinarono li incensi, piegaronsi i ginocchi riverenti;
siamo quanto rimane ai pitocchi,
se desideran bevere un ultimo sorso d'amore.
Vengano a noi!

Sgroppiam le terga cavalline e seriche
che fremitano al pungolo, Sorelle,
al giuoco alterno galloppasi a battuta.
Stirinsi i muscoli ai balzi lussurriosi:
anza de' fianchi protendiamo il ventre:
assorba l'ingordigia de' fumanti amori.

Vibrin le coscie, ansino i fianchi,
e il corpo s'inrugiadi di sudore:
contraggansi le natiche; la vulva inghiotte!
La bocca sformata e bavosa mugoli tronche voci:
al bel festino, Noi dispensiere,
ciascun uomo si serve di ruggiti,
non di parole — più.
Sibili di tra i denti, e i denti freddi:

 203

li occhi smarriti, sbarrati di contro alla notte:
vedete il teschio; ecco la Morte!
Protendiamo li amanti dall'alcova alla tomba;
siamo tutto l'istinto, siamo tutte all'ufficio di natura
Siamo il semplice amore e la demenza oscura.

Codesta è nostra gloria:
Noi fummo e rimaniamo le antiche ed attuali imperatrici.
Trionfa il nostro imperio dal primo segno rosso della luna,
dall'inconscio prurito verginale.
Venite a Noi!
Vi sono de' vecchiardi che s'indugiano
colle mani di scheletro alle chiome
fresche e profluse delle nipotine;
e vi sono dei nani incestuosi
che spian dalla toppa dispogliarsi
le opulenti sorelle.
Vi sono dei ragazzi petulanti che ne' giuochi arditi
ritentano li approcci pornografici prima della stagione,
e con loro le vergini maligne, mezze vergini in fatto,
che concedono al tatto quanto non può sciuparsi.
Venite a Noi, venite!

204

Siamo il piacere completo e soddisfatto;
siamo l'integrazione delle amene letture,
se il desiderio cresce sfogliando il Tempietto e Nana;
siamo il riempitivo logico e positivo ai passi edificanti
delle giaculatorie e delli eucologi di virtù,
se Suor Maddalena de' Pazzi vi si inciela
d'allucinazioni e di salacità,
invocando lo sposo di lassù.
Venite a Noi, venite!
Vi spiegheremo tutti i secreti,
giovani e vecchi, ricchi e miserabili:
siamo le sapienti Amazzoni al comando,
reggiam nel corso i maschi in fregola,
sempre, dal primo marchio rosso della luna,
alla turpe canizie, che s'impegola di tinture e d'unguenti.

Portateci in trionfo.
Noi siam le passioni riaccese al fastidio:
abbiam sulla putredine assommato
tutti i miasmi della corruzione:
or sane ed avariate, rinnoviamo
il sangue nelle vene della Nazione;

205

quando le care speranze covate dal babbo e dalla mamma
nelle bambagia del tornaconto e della gretta impostura
col fomento de' pigri elettuari della Chiesa,
ci fan le confidenze de' bisbetici casi di famiglia,
sul guancial meretricio, tra un rutto
e lo sciaquio dell'intima stoviglia.
Venite a Noi, venite!

E divampiamo ancor del fuoco sacro
beneficente; in Noi, fuoco e Vestali.
Fiamme, Bragia per' l'incendio universale:
poi che vien dato solo ai Pazzi ed ai Poeti ed alle Amanti
accendere le fiaccole ed attizzare il rogo.

Per queste mani che plasmano il domani
e che sanno abruciare il presente,
per questa mente che foggia la vita,
per questo cuore che fucina amore,
la pira avvampa disordinata, mirifica e crestata:
— Pazzo, chi uccide santamente e sopprime
nella ferocia della passione e al gesto
suscita la Giustizia armata e intemerata;

 206

Poeta per il ritmo e le fantasime
erotte in sul balzar del vaticinio;
Amante se semina nel grembo all'amata
germe d'Eroi nell'ultima compresa voluttà. —
Tutta, su, venga a Noi, gente della Città.

Ma lasciateci dentro le mude, principesse e monache,
trovatrici di baci addormentate, tigri addomesticate;
non risvegliate in Noi crogiolate nell'adipe,
vili nell'abitudine, il desiderio di libertà.
Perchè, nel verde della campagna,
come i torelli vegetati al chiuso,
ci ubriachiamo di sole e di vento.
Enormi, nello spazio sconfinato,
che il cielo non basta a coprire,
enormi ribellioni fermentano e ribollono,
ultimo riscatto, s'inferociscono, sopra il lungo servire.
Si serrano le pugna calde e bagnate di luce:
fremita il corpo alla brezza che lo ringiovanisce.
Ascendon dall'erba, su cui stanno i piedi,
scendono dalle frasche che giocan sull'azzurro,
dal rivolo che canta alla pendice,

 207

dalla nuvola gonfia che corre come una vela all'occàso,
dal frinir di un uccello che chiama,
Amore e Morte.

Amor che suda il corpo,
Amor che suda il mondo,
Amor che annega l'anima,
che la mente subissa e confonde:
Morte che fa tremar polsi e ginocchi,
che serpe, persuade ed annihila,
sforza, convince, ottenebra.
Oh, si percuota, si laceri un petto, si uccida;
abbia ragione il teso muscolo pugnace:
la belva troglodita è risvegliata,
dall'Amore alla Morte, per la Libertà!
Arme qualunque, o falce, o temperino, [*stesse,*
per liberarci, per essere Noi, Noi sole padrone di Noi
per demolire il maschio, l'amante, tutto il mondo...
le mani convulse, aggressive ed intrise....
tra il rantolo ed il riso....
Oh! sì, perchè il bacio rinnova l'Universo;
bacio di bocca rossa, bacio di lama brandita a riscossa....

 208

Or, su, venite tutti senza distinzione;
Noi vi accogliamo al passo controverso
del morire e del nascere,
stoppa di omini civilizzati;
vi confondiam sul ventre della prostituzione.

Siam le Statue perenni della Lussuria;
viaggiate dovunque e ci ritroverete:
sfoggiamo in ogni luogo la dominazione,
contro a Dio, contro al Trono.... » —

— « Silenzio, sfacciate innominabili;
o voci di cloaca, o semenzai incarogniti
di lue celtica a buon mercato!
Silenzio, bagascie sfiancate!

Una fanfara di caccia e bersagliera
fa volgere la folla trepidante:
ondeggiano i pennoni ammaestrati,
rispettan l'etichetta e il protocollo
al cenno della marcia foriera.

 209

Correte al maglio gente spaventata,
nobile gente della Commissione:
spezzate, spezzate con colpi affrettati,
tagliate coll'ascia, la scure, la bipenne,
polverizzate il simulacro postribolare;
e vada in cenere, e vada in nulla,
vada disperso senza ricordo:...
più presso e più giulivo è il clangor militare.

Incessu patuit dea, sopra la soglia posticcia,
tra uno stuolo di Dame e Cavalieri,
Colei che s'introduce in ogni luogo gratuitamente,
la fiancheggian li argenti ed i pennacchi de' suoi corazzieri.
Essa è l'Augusta in gala e profumata,
perla dorata e candida.
Spira ambrosia il Suo fiato,
fu incoronata da stelle corrusche testè
dal massimo poeta italiano e vivo,
dopo che bevve in fresco e bestemiò Gesù
e ritornò col ramoscel d'ulivo e coi fiori di malva
sui campi di Romagna sbarazzini
ad intonare al Re, percosso al fascino eterno e sovrano

 210

e schiavo delle bionde sue virtù.
Ed Essa incede, agitando il ventaglio ed approva:...
orrore: e Voi?... L'occhialetto le cade dalla mano.

Passan rappresentanze ingallonate,
generali, lacchè, valletti d'anticamera,
e trombetti, e ministri, e prefetti
e li spazzini municipali,
la solita coda gajetta della monarchia.

Canzone, hanno ragione;
comandano i Signori che son la sciccheria;
han moglie e mantenuta,
e, per variar l'intingolo, l'incesto in sopra più.

Canzon di Prostitute,
ritornami a cantare le battute
della Cortigianetta ubriacata
di lagrime, di risa e di *champagne*,
sopra il clangor dell'aulica fanfara:
« *Qui regna Amore caro alla Castita,*
il più bel fiore e sano della nostra età. »

211

Per una Infante

« *Non complichiamo la vita, Signori* »
G. P. Lucini.

« Ah! mon Dieu, v'la que toute r'commence
L'Amour, y gonfle tous les coeurs,
D'après l'chi-chi des chroniquers,
Quand c'est qu'y m'gouflera.... la panse? »
Jehan Rictus, *Le Printemps.*

213

Oggi, ad esempio, Puttina, abbiam gelo:
tutti i monti ne sono assiderati,
gaschi d'argento, sul livido cielo, gaschi decapitati.
Passa al fiato diaccio, a quando a quando,
lungo velo di nebbie, bigio sulla bianchezza,
velo di Lorelei funerea a spasimare,
velo, tristezza, sulla candidezza.

Già le fonti riapprese, Puttina, e di cristallo,
duro cristallo, oh come! alla ruggine oscura della conca in-
sembrano il metallo freddo dell'iridi martoriate [castonate,
senza lagrime e pianto,
(piansero dianzi e troppo
con lagrime gelate.)

E i lenti frulli d'ale, tra la cipria invernale,
bruni sarcasmi per la pigra luce,
oh, battuta accidiosa; oh, battuta malata!

 215

Un cuore tormentato batte, così, scomposto,
povero cuor febrile d'un affamato.

Tristezza, candidezza;
a nascere d'inverno, per la gioja, e perchè?
Si nasca ai primi fiori, quando tripudia il sole,
quando la vita esulta all'azione, alli amori;
ma nascere d'inverno, nella noja dei chiusi,
nel sito delle camere racchiuse,
senza un bacio di sole!?

Ma Tu, tra i mille fortunata assai,
accorgi la stagione?
È lontana, è coperta, è sequestrata;
l'aulico Fisco l'ha condannata a scomparire.
Il tuo vagire rimena l'estate,
nota di cronaca, e gioja di famiglia.

Starà la data a questa ricorrenza?
Avremo un'altra santa ai calendarii,
per i turiferarii che s'intendono;
o una damina scialacquona e isterica,

216

larga di sè e dell'avito erario;
o una dama severa e dispensiera di grazie e di virtù:
o un qualche cosa d'inutile e di lucido,
decorativa presenza pei balli,
bellezza senza cuore?
Accontentiamoci di una miscela, d'una sottile compromis-
[sione.
Così, per la Città inzaccherata, s'irrigidiscono poche ban-
esposizione dei tuoi fedeli, tripudio comandato; [diere;
ma come, in oggi, il drappo colorato
diminuisce il simbolo;
come pende, si dondola e si stira, si sforma nevicato.

Verde Speranza, lunga Penitenza,
malve appassite ai bubboni sociali;
bianco di un dì rappreso nella neve,
sucida neve a dissolversi in fango,
coscienze inquiete ed incostanti, maculate coscienze;
rosso, una fiamma che ha perduto calore,
del livido più tosto e dei grumi di sangue,
ma sangue anemico.

 217

Questo è il solo colore che persista,
tinto dalle copiose operazioni
de' mastri parrucchieri speronati,
cerusici speciali di civili corvate.

Penda la tela: per quanto variopinta
è una fede che tira sul giubbetto,
cadavere di un ladro, fede ladra, cadavere quatriduano;
e ammorbi al vento.

Intanto, su pavesi;
rimbombino i cannoni;
che tutti i goccioloni guardino in su;
volino le colombe, alati fattorini telegrafici;
anche i bambini battono le mani,
i ciarlatani attendon le commende,
li indulti i galeotti.
E li equipaggi gridano « *Hurrà!* »
Snelle, pei porti, le vaporiere sian dispensiere della novella;
il cielo a notte risplenda di facelle,
tutte le luminarie tra la neve;
oh, la neve patisce d'umori assai strani,

 218

spegne i lucignoli pigri e cortigiani.

Non importa, Puttina; ecco, tu vivi,
ed è ciò che interessa;
al giorno d'oggi, l'essere equivale al diritto;
è un cuneo di carne, di calore, di azione
infitto dentro alla legislazione:
e se tu poi esisti con maggiore aggettivo,
il tuo diritto è divino e aspetta riverenza.

Stanno, è vero, pel mondo, nell'ora istessa alla tua,
altri infanti a vagire
per un lungo soffrire.
Ma a te non interessa. Vivi!
E ti accovacci e dormi, gattina mitologica,
nel nido profumato.

I bei rasi intessuti di luce e di petali,
petali azzurri e rosei, luce d'oro e d'argento!
Siano i legni scolpiti e stelleggianti,
soave *liberty* internazionale, per la culla preziosa;
sian le pelliccie prolisse e i merletti

 219

e i gioielli ed i nastri ed i sorrisi.
I sorrisi, Bambina; quanto meglio assicura,
nella buja avventura della vita,
il perchè di una gioja; i sorrisi, alla culla.

La culla dondola, burchiello fragile,
sul moerro dell'onda del tappeto,
intessuto e cangiante come un placido mare;
dondola snella, dondola altare e santuario
per le ricchezze rare;
dondola al ritmo di una nenia antica,
che t'illude sull'improba fatica d'incominciare a vivere:
dondola in pace.

In pace? Come?
Il cielo è molto oscuro
e non v'è stella in cielo.
Hanno disteso un drappo denso e nero per ricoprire il sole.
La terra non dà pane,
e le braccia piccine attendono il domane
per stendere le mani piccoline,
propiziando un atto sciagurato.

 220

In pace? Per malìa, in questa nostalgia
de' giorni irreparati,
tutti l'infanti bastardi e mal nati
ti si affollano intorno e vagiscono in coro
una plebea palinodia:
« *Natale ricco! Che faremo? Dove andremo?*
Natale d'oro! come avremo ristoro?
Prendici in sicurtà, colla tua carità. »

Tu lasciali cantare,
non ti curare;
codesti bimbi invidiosi e magri
nascono sì, ma per tornare al nulla;
invece la tua culla sopravive;
questo importa, Puttina;
che ti lascino in pace.
Non pianger più, sono già passati.

La cannonata tuona di nuovo,
e l'inverno è lontano, sequestrato
dall'industria benigna d'agili tappezzieri.
Lucidi cavalieri ti stanno a lato;

 221

il gendarme, sul canto della via.
sollecita allegria ai poco persuasi.
La festa augurale
fa le brachette agili ed appresta
lavoro all'ospedale ed alla ruota,
mal francese ed aborti.
Le bandiere gelate si commuovono
e un soffio di scirocco le fa lagrimare.

Puttina, oggi abbiam gelo; non possiamo dir di più;
fors'anche, in casa tua, qualcuno, in ritrosia.
si lagna e si conturba.
Pensa alle pratiche disabusate,
callopedia tra queste e allo scongiuro
d'imporre, dentro al ventre, un parto più sicuro;
e pensa a un Ser Chiappini,
che se femina è qui, per un Tiresia ambiguo la fatturi
e maschio al nuovo dì.

Ma in oggi? E colla nostra superbia del presente?
Coi fulmini valletti? Col fuoco bombardiere?
Col vapore facchino?

222

Col Satana fremente patarino
nella nostra coscienza intollerante?
Convien chinare il capo a penitenza;
Domeneiddio ha tolto al suo crismato
patrocinio efficace;
se femina riesce, femina è scodellata

La culla dondola e si mareggia,
sul moerro dell'onde intessute;
dondola in pace.
I sorrisi s'incurvan sulle labra;
a salpar per l'oceano della vita
vuoi migliore viatico?
vuoi più certo augurio probatico?

Vedo in qualche tugurio bestemiare alle nascite;
e so l'infanticidii vergognosi,
che spengono, nel fondo di cloache fetide,
piccole vite alacri.

La culla dondola sotto al sorriso;
è un diversivo dalle tristi cose.

223

Rose all'infante! Rose all'inverno; fattuccheria,
Malinconia si turba e passa via bastonata.
« *Urrah!* »
Rida ognuno felice,
per quella Fede che tira il giubbetto,
Fede, bandiera; rida!
La profezia è santa; ma....
Sarà quel che sarà.

Il 22 di Novembre del 1902.

224

Per un Infante

« A salpar per l'oceano della vita.... »
G. P. Lucini.

« Ça sent la.... chose et les lilas »
Jehan Rictus, ***Le Piège.***

225

Primo vagito flebile; uno squittire, quasi un singulto:
il mondo è bujo come il penetrale del ventre materno:
per distinguere il mondo, in sull'alterno batter del cuor piccino,
l'occhio socchiuso s'abbacina e pena
e schiva dalla luce morbida del mattino.

Un mattino fragrante? Un mattino di gloria?
Dalle ringhiere fan la pispilloria i passeri:
dal parco vengon susurri di fronde;
sopra le bionde allee stride la ghiaia e ride,
le scarpine veloci dei Valletti corrono e s'incontrano,
portan la buona nuova; le Guardie s'ancan meglio sul fucile:
superbia della razza, gloria della Nazione,
il Fantolino è nato maschio per l'occasione.

Codesto è un fiore, un frutto umano;
un viluppo di carne costretta dentro alle pieghe della placenta;
è un prodotto goloso di vita, d'amore, di carezze,
riuscito sopra un caso fisiologico, per l'incontro fortuito
di un ovolo, sollecito al corso lubrico,
lungo nobili trombe faloppiane.

Umiliazione? Nasce come chiunque;
non dalle estetiche pose iperfisiche
di una Teogonia,
non primo e solo spontaneo gigante dal seno della Terra,
non grazia pura e saviezza perenne dal cervello di Zeus,
ma come voi, come me, come tutti, da femmina mortale.

Ravvisalo vicino, tumefatta faccina indefinita,
equivoco vivente;
cercalo, tra la trina della culla, e non turbare
il benefico sonno alla mammina.
Giace bruna e colli occhi cerchiati, pallida, esausta;
ha un sorriso d'orgoglio sopra al labro smunto e contratto;
essa è Madre di Lui
per Lui soferse l'angoscia del parto e per la gioia della Na-
[zione.
Fresco Settembre prepara le caccie copiose
al Padre per le Venarie:
testè il cerbiatto e il daino cadder, squarciato il petto,
al piombo indifettibile e sapiente del Signore:
testè, e questa sera, e questa notte,
dei petti italiani e delle membra rotte
caddero sotto ai colpi dei suoi brigadieri.

228

Battesimo opportuno dalli estremi confini della Patria,
tale pioggia di sangue sul capo al Fantolino,
sacra ipoteca al futuro e perchè.
Castelluzzo in Sicilia è buona prova,
e, allor che giova, ripete l'assassinio di Ruggerru;
vi sono delle donne, come codesta madre sui colli della gialla
ombelico di razza eroica un dì, [Sabina,
ch'hanno squarciato il ventre ed agonizzano,
tra le stipe dei campi litigati,
selvaggie e territe, come le lupe un dì.
Vi sono dei cadaveri sui margini delle vie polverose,
dei cadaveri stesi a putrefare sulli svolti dei ponti;
e, per le strade cittadine, molte prostitute, ed entro alle officine
tutti li schiavi ad aspettare di morir di fame.

E sono, in torno a Te, molti sorrisi
di faccie grasse e lucide,
i complimenti dei benevisi, le grazie dei clienti;
e v'è consacrazion larga di sangue,
se un Vescovo rifiuta il rituale
della croce, dell'acqua e del sale.

Tu non sai, nè comprendi, nè t'affatichi di saper di più;
respiri e batte il cuore, palpitano le palpebre, vagisci.

 229

La mano lunga minuscola e fina del gentiluomo ostetrico,
con gentilezza frugando tra l'inguina,
ti ha levato davanti la cortina,
che ti chiudeva il giorno.
Or volgi la testina e non intendi:
son le grida di omaggio entusiaste,
è il tripudio servile e interessato,
è il rotto rantolo dell'agonia.
Uno sbadiglio al secondo vagito.

Sicilia sa rispondere alla gemina Sardegna, in mezzo al mar favoleggiato,
e pelasga, e latina, e moresca.
Dalle cripte insidiose e avvelenate delle solfatare,
risponde la chiamata alle miniere.
Urlano forte; è l'urlo, nella notte,
come una rossa tempesta di Luciferi;
è il cozzo delle lotte millennarie, che giunge e che s'infonde
colla tempesta dell'onde del mare, sopra alle opposte sponde.

Esultiam dunque a battuta
col danzar la monferrina;
Monferrato e Canavese,
bel paese,
nella fertile terra del Piemonte.

 230

Tu sei grande per antonomasia. L'ineffabile allegria
rompe il cingolo di corda del somiero alla capezza;
l'asinello si dispaccia e scorazza, per i prati, sbraitando,
e declama, a quando a quando, rime e laudi gabrielline.

Viva a Te, per il perchè dei genitali!
Viva a noi che siam l'eroi di tutti i mali!
Esultiamo alla grazia divina,
erotta 'sta mattina, col fervor del forcipe
a rinsaldar Centanni e Benedetti
nell'onorata divisa succinta e corretti!

Tutto il resto è una baja,
di nessunissima autorità.
Il mattino è fragrante e venatorio;
qui si nasce, e, laggiù, salmodiano a mortorio;
l'apoteosi si rizza al fastigio,
sopra un plinto di teschi spolpati.
La monferrina mescola e tresca
le sue quadriglie in libertà;
si sgolano i facchini;
dall'alto delle antenne
i bei marinaretti urlano: « *Hurrah!* »

 231

Tu riassumi la Casa, ma non permettere il vaticinio:
oggi la gente è tutta dissuasa
dal chiedere all'oroscopo la storia futura di un Bimbo.
Ti attendono all'opera, piega a un lungo sacrificio
od Innocente predestinato a svolgere un mistero.
Hai tu in fronte quel segno,
tra cilio e cilio, suggellato e rosso,
che ti obbliga al calvario;
o già porti raggiera intatta e imperiale?

Vaticinio, sciocchezze!
Fresco settembre prepara le caccie;
s'indorano le grappe, il mosto cola;
stride il torchio, nel sole, sulle grappe schiacciate;
beviamo allegri l'acidulo vinello arrubinato:
il Fantolino è nato.

Il 22 di Settembre del 1904.

 232

Ora

Per il 23 di Novembre 1908:

quando duemila studenti austriaci aggredirono duecento studenti italiani a Vienna e i caduti percossero e ferirono ancora: ed a vergogna della monarchia, complice d'Absburgo nelle sue diplomatiche rapine.

« Serbo, attendi! Sul pian di Cossovo
Grande l'ombra di Lazzaro s'alza;
Marco prence da l'antro pur balza
E il pezzato destriero annitrì

. . . .

. . . .

« Ardi, o face di guerra, ogni lido!
Uno il cuore, uno il patto, uno il grido:
Nè stranier, nè aggressori mai più ».

G. Carducci, *Sicilia e la Rivoluzione*.

« Quando? » fremono i giovani che videro
pur jeri da San Giusto glauco l'Adria?

G. Carducci.

233

Ora, erutti la Patria la falange
tricuspidata in sulle rive piane
dell'Isonzo, trapassi per l'onde
frigide e cerule nel ventre d'Absburgo!

Ora, per tutti i martiri e le forche
e per le lunghe agonie deprecate
nelle murate fosse di Moravia, un dì,
dal Cattaro selvaggio
allo Spielberg feroce;
ora, pei morti sotto la cannonata
da Marghera al Caffaro,
giovanetti plebei, stirpe di nobili
ed umili e superbi,
succinti cannonieri di Bandiera–Moro,
fucilieri vivi e spavaldi garibaldini;
ora, si incinga, a vostra simiglianza
la gioventù dell'odio

 235

millennario irrorato di lagrime e di sangue.
Ora, per voi, membra dilacerate dalla Patria,
fibre avulse dal cuore di Roma,
Trieste e Trento!

Urli alla morte tutta la Nazione,
molosso colle fauci spalancate e bramose!
Torni alla prima, semplice azione,
troglodita vendetta, maravigliosa!
Riacquisti al contatto seguito dalla sua gleba
saturnia e mamertina, come Antheo,
la possanza latina.
Su, su, contro al nemico,
al boja in gala cerimonioso
del giovanetto Oberdan assassinato;
su contro al feritore anonimo e sarcastico
dell'anonimo imberbe studente italiano,
già percosso e caduto in sul selciato,
incontro al viennese Maramaldo.

Questo è per Te, o Italia,
guiderdone di sangue, se accetta

236

la bassa tua diplomazia
servaggio su terre danubiane rubate:
questa, assapora, Italia,
onta del tuo monarchico servire.
Gitta ai due rostri insaziati
la carne nostra: che se ne pasca:
rafferma un'altra volta sulla corona barbara
di Santo Stefano umida un'altra perla di sangue:
difendi contro a te stessa, Savoja,
l'ambascerie, nelle nostre città,
del ben amato parente Absburghese!

Ora, questi li allori sciagurati e vili!
Ora, Patria, su l'armi!
Ora, su l'armi, tutte le armi d'Italia,
vibrate ed impazienti verso l'Isonzo,
a sfolgorar la Guerra, arcangelo di Morte,
fra i tuoni e i lampi della Resurrezione;
a fiammeggiar nel sole
le tue camicie rosse
sulle brulle trentine pendici,
o Nume, Garibaldi, e, alla tua potestà,

237

rinnovare il prodigio
rutili, schiette e vincitrici,

San Giusto riponga l'Alabarda d'argento
nell'artiglio chiuso del Leone:
vigilin dalla spiaggia delle lagune, insieme,
Signori incontrastati,
l'Adria riunito, rivendicato.

L'armi, qua l'armi, dunque!
Detergan le vergogne Lissa e Custoza
nella porpora ardente delle nuove vittorie;
postrema sfida in faccia alle alleate
di un giorno sciagurato
pel trafficar sui popoli dei re
questa Canzone plebea ed amara,
ora, al vampar generoso e ribelle,
sacra, Repubblica italiana, per Te.

Solaro di Varazze il 25 di Novembre 1908.

238

COMMEMORAZIONI

« Ogni grazia di Popolo,
ogni grande dolore di Plebe
compendia una Canzone:
è l'eterno bisogno della lirica
che trilla, precede e squilla,
come l'usignolo l'uragano,
come la fanfara sopra la cannonata. »

G. P. Lucini.

239

Per tutti li Dei morti ed aboliti

« Odio di Dei Prometeo... »
G. Carducci.

« Dieu est un réflexe du génie createur qu'interpretent l'epoque et ses necessités. Les Dieux se reproduisent idéologiquement selon les modifications sociales et intelectuelles, les différences organiques des râces, les bigarrures des mœurs, la physiologie des individus ».
G. P. Lucini.

« Les ostensoirs, les Sacrés-cœurs aux aires devots,
Les cloches et tout le fourbi des cathedrales
Ispirent a mon cœur des sentiments nouveaux
Qui consolent mes defaillances uréthrales ».
L. Tailhade. *Le « Petit épicier » fait ses pâques.*

241

I

La Coppia, che, tenendosi per mano,
riavvolta da pelli ferine e fangose,
li occhi sbarrati, ossessa dal terrore,
fuggiva sulli intrichi delle liane tese,
sul viscido groviglio de' serpenti,
tra il ruggir delle belve frenetiche,
pericolosi ed umili compagni,
durante li equinozii tropicali,
per le strane foreste preistoriche,
la folgorante distruzione dell'uragano;
la Coppia selvaggia ed umana
vide la faccia mirifica ed orribile
d'oro, di sangue e di fiamme,
l'aspetto dell'Iddio innominato
tra lampi, tuoni, nembi di vapore
e lo creò, a sè stessa, Genio vendicatore.

243

II

Iddio terrore;
misteriosa causa indecifrata,
spontaneo di terre velenose e pingui,
cellula amorfa lattiginosa di medusa peduncolata,
monoculo, rettrattile, tentaculato,
viscido, Proteo di forma e di colore;
Iddio spavento,
campato in sull'albore dell'età troglodita,
ritto sul cielo verde crepuscolare,
sopra i flutti del mare increstato,
sul frondeggiar delle nere foreste,
di fronte alle caverne schiaffeggiate
dalla piova e dal vento;
Iddio bestia convulsa,
coda di serpe, corna di caprone,
ali di pipistrello e di avoltore,
squame di squalo, scaglia di sauro,
artigli di leone, criniera di cavallo,
fumo, fuoco, boato di vulcano,

244

onda schiumosa di marea in tempesta,
possanza di natura, odio delli uomini,
che vomita la morte e pretende vittime,
semina folgori, abrucia cadaveri,
inghiotte neonati, ed ha il tuono per voce,
Baal, Huitzilopotli, Jehova,
Idolo, Iddio feroce.

III

Are, altari e pinacoli,
indici sopra il cielo, termini sulla terra.
Il primo basalto squadrato ed erratico,
emerso tra i roveti e la boscaglia,
tra i fiori e la ramaglia,
ecco, la pietra sacra al sacrificio.
Rozze coppelle racchiudono i profumi,
sangue nelle coppelle si ragrumi:
la ferita del collo della vittima slabra,
vittima umana, vittima ferina;
pastore, o pecorella.
Svolgesi il fumo dalle stipe e rota;

245

ultime si contorcon nel patema
l'interiora scoperte,
vaticinio, ragione astrusa ed animale,
cifra, parola tracciate dall'estreme convulsioni,
scongiuro alle stagioni,
comando all'a venire.

IV

Or l'Uomo agricoltore, spargendo sementa sul campo,
propizia a sè la Terra e il Dio autoctono.
Pei quattro punti del grande orizzonte,
col pugno teso e gonfio di muscoli e di germini,
benedice alla Luna ed al Sole,
all'Acque lucide ed ai Venti sonori.
Sacrifica ai Genii nascosti,
se inalza la calma dimora,
se il focolare splende di rutili fiamme all'aurora,
se la mandra al presepe rumina sdrajata,
sognando pascoli verdi ed acque pure
al guado che l'abbevera gioconda.
Sacrifica alli Iddii della Famiglia,

 246

se la Donna prescelta dà figli belli e di schiatta sua,
bianchi come la neve del Caucaso,
e biondi come l'orzo che fluttua all'estate
nei solchi maturati.
Figli, Pastori, Guerrieri e Marinaj,
col pungolo, col remo e colla scure,
dai peripli del mare ai deserti d'arena,
da un Polo all'altro Polo, vittoriosi;
oggi, dall'altipiano
donde scoscende sdrucciolando il fiume,
che rispecchia le stelle e intorbida di spume;
oggi, dall'altipiano iranico
di tra i graniti ed i pini odorosi,
Aria, pel mondo,
valanga umana e armata,
falange d'Aria infaticata,
Giudici, Cavalieri,
Sacerdoti e Nocchieri.
La Terra sommette il suo ventre flavo e ferace
al parto enorme e flavo del frumento:
il Cielo immenso è la Tenda perenne
pronuba per le sue Nozze divine.

 247

Domani, in ogni luogo, sulla decliva amante,
sementa bionda come i figli d'Aria,
mari di messe e rutilar di biade,
come le treccie delle Vergini ardite,
cariche ed ornate,
di mirti per l'amore, di quercie per la gloria,
di pallidi ulivi per le secrete fiamme famigliari.
Dio sulli Eroi, antroponorfo, sorride, finalmente,
simbolo e coscienza,
ragion di civiltà.

V

Vivan li Dei; tutto il Mondo è divino
a riflesso dell'Uomo!
Serenità, riflesso del greco pensiero;
il cielo sgombro, puro s'inzaffira e si specchia nel mare;
dalla porpora d'oro dell'aurora allo scarlatto tragico,
dentro a cui muore il giorno, la parola trova
l'imagine esatta, racchiude l'idea, il sentimento, un corpo,
l'Iddio–persona a sofrire sè stesso, nella vita del mondo.

Son giulivi sembianti pei boschi dorici,
di tra i mirti e li acanti, Oreadi, Ninfe.
Stanno ed occhieggian d'oltre i tronchi rugosi e scabri,
van tra pastori efebi e solitarii vegliardi diserti,
immergono nell'erbe fresche e lunghe
i piedi nudi e rispondon nel coro a battuta.
Sogghigna il Fauno,
dal folto, la zampogna prova ed intona;
e tende l'agguato al sapido abbraccio;
piega la captiva sul braccio velloso, e, riversa,
i seni rigidi, li occhi smarriti,
l'assorbe in un bacio goloso, restìa e voluttuosa.

E nei freschi cristalli dei rivoli montani,
sorgevano le chiome color d'acqua a sciorinare al sole
l'anime feminili delle fonti,
l'ardor virile e glauco dei torrenti ad asciugar la barba,
la nuda giovinezza il doppio Ermafrodito.
E risuonavan caccie, e, dall'arco d'argento, assicurava
dardi alla morte per le donne e li uomini
Ecate trifasi per l'Olimpo e l'Hades;
e, nei verdi silenzii della notte, Luna vagante

 249

per l'Anteros e l'Ibi roseo del Nilo,
per le Vergini brune.
Anfiarao e Delfo comandavano al Tempo,
vaticinando il futuro dalla Fatalità
seduta in grembo al Zeus.

Epicuro sorride: amare è compatire.
Anacreonte impugna la coppa ed invita;
il banchetto è cosparso di fiori; bimbi cantano al sole.
Frine si scopre e sè propone per augusta Afrodite:
colombe bianche e tortore
e cigni frigidi e silenziosi
pei crepuscoli calmi per i laghetti crepuscolari,
che i papiri recingono e frascheggiano;
sacri animali candidi e discreti,
salaci uccelli di plurimi ardori,
per le vasche e i delubri di Venere:
Tritone buccina per la conca marina;
Febo l'immenso scopre il suo volto,
lacera il velo delle nubi, appare, fiamma ed ispirazione,
fermo sull'onde e sull'are,
Efebo Apollo, per la Guerra e i Poeti.

 250

Lidia s'appressa a paragone,
col suono della tibia, eccita Triallis
e Mirrina e Neaira callipigie alla giostra de' baci;
sotto li Stoa propongonsi l'Etaire;
dispute nei giardini, Academia sofistica.
Scienza di civiltà dall'Epopea:
Sofocle chiama il Fato sopra Edipo e Mirra
dispensiero della crudele necessità.
L'Uomo assicura, per sè, nelle imagini sante
del mondo eterno, eterne create da lui,
volontà e si applaude nelle leggi, nell'arte,
nel dominio sereno, e si specchia
nelli innumeri Miti del Sogno e della Vita.

VI

Thamos pilota egizio e allucinato,
nelle pigrizie dell'acque morte di bonaccia e di nebbie,
in sull'Egeo, dalla liburna bruna,
accolse una voce menzognera e volle
spargerla al mondo romano:
« *Morto è il Gran Pan, è morto!* »

E Thulis re, uscendo dal Tempio di Serapide,
il vento scoronò; e videsi brillare il serto
tra il nembo di polvere, precipitar nel Nilo.
L'acque sacre inghiottirono
metallo e imperio.

Chreistos, a una turba confusa di Nomadi,
lungo il Giordano, per Galilea, portava
la buona parola: « *non pace, ma guerra!* »
E uscivano pezzenti, facchini e cortigiane
ad incontrarlo sulle porte turrite di Gerusalemme.

Non più gioconde remigan l'armate
pei placidi canali d'Alessandria a Canopo;
non più vermiglie triremi opime di festini,
di femine sapienti, di citaredi, di saggi e bimbi ignudi:
non più il buon vin dell'Isole dispilla
dall'anfora il coppiere ai conviti;
non più danze, alla notte, sotto le tende tese di sciamito,
tra i mirti e i sicomori;
nè incanti alla luna, sui prati,
lotte d'amor gioconde e spasimate

 252

sulle spoglie delle belve numide ed i bissi di Tiro;
non più sapienza, coraggio, cortesie,
ricchi delitti di superbia, nobile maestà.

Taccion Pitia e Dodona,
ibrida Eleusi al giuoco delle fiaccole aduna
li elenizzanti della metafisica;
per altro Iddio dai tripodi
fuma e linguеggia di fuoco il profumo.
Sopra Antinoe costrutta per passion di filosofo all'Efebo,
deserto, caverne e preghiere.
Vecchi cenciosi, luridi, feroci a sè stessi e a tutti,
procedono gravati di catene e cilicio,
imprecando alla vita e alla bellezza;
teschi informi d'appesi, osse tronche, feticci,
in teche ed arche preziose derubate,
palleggiano a demenza, taumaturghe reliquie di martiri.

Fauno è il Dimonio col Centauro rossigno e il Satirello
puzzolente di fregola e di zolfo:
Venere succuba appare nel delirio ad Antonio ed espone
nude soavità candide e rare

di membra esperte offerte alla lussuria;
vana visione d'inganni,
di febre e d'astinenze.

VII

Cristo, che non sapesti
errare per l'amore della carne, frigido amante;
e non sapesti il dolore della Madre,
che rimoriva al tuo morire,
pallida e scarna faccia d'angoscia e di martire;
o Cristo senza patria;
donde venirono, per le tue veglie,
pensieri, visioni, tormenti di passione;
per qual incubo pazzo hai suscitato,
dal caos dell'anima tua, l'Iddio terrore dimenticato
dal caos del mondo in fermento,
le duplici energie contraditorie,
queste cupe e fangose memorie
di feroce predestinazione?

Cristo, pastore ebraico, che hai tu fatto,
re di canaglia iconoclasta,

254

di questa nostra sacra maestà,
di nostra scienza, di nostra libertà
della superbia della umanità?
Cristo, ortolano ebreo di conventi,
che hai svelto dalle aiuole de' verzieri
tutti i fiori per coltivar roveti
alli immondi dolori della umilità,
ch'hai tu voluto, colle favole antiche raccolte
ne' tuoi lunghi viaggi per l'oriente,
dire nelle parabole secrete e fanciullesche?
Cristo beffardo, cruciato barbaro,
Cristo d'ogni amarezza;
Cristo, per noi, per quelli che verranno
e crederanno in te, e moriran per te
in dispute, in rivolta, in battaglie e vittorie,
nei martirii del Circo, in possanza sul Trono;
Cristo, luogo comune,
salito tra li armati al Moria,
tra il pianto delle tue plurime amanti
che non amasti mai;
la fronte lacerata dalle spine,
sotto la croce, Proteo–Eone classificato

255

nei torbidi concilî d'Alessandria;
o Cristo gnostico, e Gesù esseno,
che rifiutasti la Madre,
bastardo genioso ed immortale,
tipo al ribelle ascetico e veggente;
che hai tu voluto significar pel mondo,
trapassando da Fra Savonarola,
a Calvino autocrata,
dallo Scioano, alla Petroliera?

Quindici secoli barbari, o Cristo,
hai tu portato col tuo amare l'odio.
Dio crocifisse l'Uomo, e addormentò,
sopra la sua passione, Prometeo composto
sereno e irriducibile,
fermo nella perpetua agonia,
sfida perenne per tutti li Dei
e presenti e futuri;
Cristo, idolo postremo
de' claustri oscuri?

Cristo, leggenda e storia,

 256

medicastro impostore d'isteriche, taumaturgo,
verso di te le ossesse hanno schiumato
la bocca contorta, come sopra alla pietra del sepolcro
del diacono Paris a Saint-Mèdard;
e sul lezzo ammorbato delle cancrene,
impiantasti la tua carità,
inchinasti le labra avide a suggere
ulceri di lebbrose,
le mani a brancicar fetore di cadaveri,
jena necrofora di devozione;
Cristo, meraviglioso assorto nel delirio
delle lussurie atroci dell'angoscia;
Cristo, che hai trafugato dal mondo la gioja,
pel sadismo feroce del dolore,
e opponesti alla culla opulenta
del bimbo, nuovo e fresco fiore umano,
non il vivere eletto, esercitato in compresa armonia,
ma un paradiso gelato e lontano, dopo la morte!

VIII

A Manete, che insegna Dio e il Dimonio

257

reggere il mondo ed ogni creatura,
tra la Kabbala, i Veda e i Libri Apocrifi,
da Porfirio innovando il magismo,
Carpocrate, maestro di sacre voluttà,
fescenna e ride incontro, comunista precoce
di beni, di femine e di bimbi;
diserto e prezioso istitutore di un Molinos spagnuolo,
s'egli verrà, cortese gesuita, colla remissione
alla fralezza della carne,
e astuto d'indulgenze a braccare il peccato rimuneratore,
colla grazia, Paraclito d'argento, discesa e compresa.

Ma Origene selvaggio, rapito alle gesta de' Galli
sacerdoti di Jera ed evirati,
alla Maria gnostica, sacrifica
come un giorno a Cibele,
l'inguina svelte e corre,
squassandole a trionfo in cima ad un piuolo,
chiamando turbe mentecatte, urlanti,
stipiti per li Scopsa, ultima ingiuria,
alla necessita dell'Amore immortale.

258

E Bisanzio accomanda concilii e ambascerie.
Brillano i Candidati nelle terse corazze d'acciajo,
come lune ai corteggi:
passan Calogeri bruni, svolgendo drappeggi di tonache,
sopra i mosaici istoriati;
passan diaconi bianchi e vermigli antifonando nuove litanie:
passan Vescovi d'oro ed ingemmati come le teche
delle iconi contese:
passano, sotto al Kathisma,
etere discinte, ballerine, bardassi,
orsi, tigri al guinzaglio, giuocolieri, leoni,
aurighi verdi e azzurri dispositori delle fazioni;
passano li Eunuchi, che reggono l'imperio
e i ciechi abbacinati, un dì patrizii e strateghi gloriosi:
passano, tra la Spina del Circo e la Santa Saggezza,
teorie di cortigiani, di monache, di frati.

E Zoe e Teodora,
se si ridestan dal terror notturno,
rammentando adulterii, incesti e stragi,
e, in sull'incerto albore, veggon sgusciar tra le squarciate
il primo raggio del dì che rasserena, [nuvole

 259

a battere sul Cristo antifoneta in faccia, livido ed erto sul
sorgono, nude, tribadi convulse, [capezzale;
rivolgon la preghiera alla croce insensibile,
offrono e raccomandano Stato, Famiglia ed Utero,
gli chiedon presso inediti abbracci,
larghe terga e vigore di amanti plebei,
infibulate vergini ai caproni,
spettatrici e mime per l'orgia prossima.

E Bisanzio scoscende, per le ripide rive della marina,
postilla il cielo di colonnati,
punge le stelle di mille pinacoli.
Folla s'addensa in sui fori e dentro ai portici;
dentro le navi delle basiliche, s'azzuffano battaglie.
Le legioni ferrate, che tornano dall'Asia,
portan sacchi ripieni di bottino, calici, ostensorii,
incensieri, dalmatiche riccie, anelli e pastorali.
Rapiron l'occhi di perle alle Panaghie;
sgretolano il mosaico delle iconi.

Impari lotta: le femine contrastano
ai corsaletti di ferro; e le mani piccine
son martoriate dalle manopole.

 260

Sopra la santa tavoletta sanguina la fronte sudata,
il seno puro e ansante;
si dibatte la giovane, difende il dipinto,
seminuda ad arco tesa, scarmigliata,
sè più tosto che l'imagine protende:
la faccia augusta cade, spezzata ed insozzata:
il Bulgaro preme la donna, ferisce,
disseta in lei la frenesia
del furto, della guerra e dello stupro;
sulle sue carni frementi castiga la nuova eresia.

Cristo Gesù insensibile domina i figli suoi:
per lui l'Impero grida l'agonia:
già li Arabi traboccan dai confini, sui veloci polledri:
li antichi eroi di Grecia disputan nei conventi
sopra ai sette attributi divini
e sulle proprietà del mistico Plerome.

IX

Ora, se Pietro pontefice ritorna
e sosta, al terzo canto del gallo vigile,

261

d'in sulle Loggie vaticane a guardare trepido in giù,
scoprendo Roma tra le nebbie del pigro mattino,
ed il fumo del Tevere chiuso tra le sponde di travertino,
numera catedrali, giardini, palazzi e castella,
ampia città ed afferma: « *Tutto questo fu mio!* »

Fortuna a te, pescator giudeo
che sapesti immergere, nell'ora critica,
le nasse brune e tenaci all'avvento,
per entro il cuor della romanità;
Pietro o Cefa, prima pietra apocrifa alla Chiesa.
Fortuna a te, che fuor dell'onde avare
del salso Tiberiade adducesti, barca, reti ed equipaggio
a più ricche e munifiche rive,
pel secolar viaggio d'impostura:
tutto questo fu tuo; il tuo nome s'imprime
dentro all'oro ed al bronzo dei Tabernacoli;
è scolpito nel granito imperituro,
sopra i frontoni dell'Urbe in futuro.
Li altri che vennero dopo di te,
ebbero crudeltà, genio ed astuzia, contro l'Imperatori
seppero vantare diritti di plebe;

262

l'uno e l'altra tradirono,
riguardo al Cristo, che tu stesso volevi tradire, suppliziato,
o dal supplizio beneficato.

Roma accolse Simone di Montfort,
reduce da Tolosa, fratricida dell'Albigesi:
postrema erede di poesia, Provenza,
livide stese e tronche l'ultime sirventesi
nel sangue e nell'incendio della crociata
Roma da lungi protesse
Filippo il Bello al latrocinio;
spinse Molè, gran mastro de' Templari,
sul rogo, invocando sacrificio a rispondere sull'ultimo Capeto
re, al contrapasso, giustiziato.
Roma sorrise al Torquemada
fosco ed enorme domenicano,
nutrito di *Summa* e di carneficine:
ed ammise Lojola a sua malizia,
Amadigi di Gaula della Chiesa e sciancato.
Roma si presta a Bertuccino, cardinale e cinedo;
cattolica ritorna, ad Elagobalo;
e Madama d'Azez reca fatture al guanciale del papa,

 263

se v'asconde batista inzuppata in mestrui recenti,
d'amore fomenti invincibili.
Roma compiace ai Borgia;
se insegnano veleni, baci, danze,
spiccie diplomazie e festini salaci,
se preme il padre la figlia e sommette
il papa, nelle stalle alli stalloni estrosi,
indomite cavalle, nelle sale di marmo,
a chierici e valletti, in vece alterna
cortigianelle, profitto, delizia, spettacolo ornato
al reggitor della cristianità.
Roma lascia svampare la Riforma,
sconfessa, scomunica e abrucia:
se Pico farnetica sopra le streghe, addotta,
Pomponazzo, che riapre, sulle nubi del cielo cattolico,
un sorriso di azzurro e uno sguardo di sole, condanna:
tortura Galileo tremendo e pavido; incinera Giordano.
Roma vede passare i Flagellanti,
Guglielma di Boemia, Santo Spirito femina lombarda
e li Esicati accolti a contemplarsi il bellico,
oziosi di preghiera e di immondizie:
Roma, Capo del Mondo, dispensatrice di potestà.

264

Ma se Pietro pontefice ritorna,
al terzo canto del gallo sull'Urbe,
può ripetere ancora: « *Tutto, che stendesi sotto*
alla rotonda mole vaticana,
tutto questo è mio? »

X

Anima, non tremare; tutti li Dei son morti,
dal Dio–Bestia e Terrore, al Dio–Antropomorfo–Crudeltà:
tu sola rimani, immutabile eterna.
Non spaventarti più: per l'indomani
vigila la Scienza.
Non pianger l'Angiole canore e decadute
dalle favole belle e fanciullesche,
non troni d'oro infranti,
non i cori osannanti dei Cherubini alati e neutri.
Acqua d'Oblio sopra i morti Mostri,
sulle defunte Religioni.

Ragione afferra l'Anima vagola,
che si crede perduta, la dirige e l'ajuta.

 265

« *Ama,* » ripete. « *Ama sempre ed ancora;*
approssima il futuro coll'amore:
questo è il grande lavoro che incalza la speranza a concretarsi.
Sofri: sofrire è bello con nobiltà serena:
in te si affisa, nel tuo dolore,
tutto il dolore del mondo;
se tu gridi d'angoscia ciascuno risponde,
ciascuno è ferito;
il tuo pianto singhiozza e si confonde
colla pena d'ognuno.
Tutto consente e ti protende
plurime grazie di compassione. »

Ragione afferra l'Anima vagola,
la conduce, bambina, per mano, al mistero.

« *Fede nuova ridesta d'esultanza;*
credi e confessa Divinità la Vita;
non cercar l'esoteriche virtù oltre le nubi.
Natura accoglie secreti avvolgimenti;
Forme protende e le conserva:
erompono, dal grembo materno, infinite

 266

varietà di gioire e di sofrire.
L'Essenze prime sfoggiano onnipotenza;
sono le Allegorie personate a popolar la Terra.
Dai più brevi cristalli al cervello del genio,
una legge presiede e comporta
questa continua trasformazione,
dall'elettrone all'uomo.
Dal lampo che abbaglia, alla fiamma del ceppo;
dal rombo del tuono, al canto dell'uccello;
dalla Vita alla Morte, e fin dentro alla tomba,
una legge presiede, completa, rinnova
il moto indefinito della Costanza e lo prova.
Tal cade una pietra spontanea da un monte,
vorticano, così, nell'orbite stellari
in armonia le Sfere e si compensano. »

Ragione afferra l'Anima vagola,
le dismaga sè stessa e il suo pensiero.

« *Il Mistero è per Noi, dentro di Noi,*
in questo fremito incalcolabile,
che attrae, che giudica e rifiuta,

267

in codesta passione esalata
da tutti i sensi, da tutti i pori della nostra carne,
nell'energia che ti fa dire e spasimare,
e mordere e pregare e morire e rinascere,
Dio nascosto, suscitatore, che si rivela.
Dio è in Noi,
lo portiamo come un santo ostensorio di Possanza
per la Bellezza e per la Volontà;
è nel nostro valore,
rosso e porpureo fiore
per chi è assetato e si muore d'amore.
Dio è in Noi;
la Natura assicura il miracolo a questa nostra immortalità,
ricompleta la Storia coll'Avvenire
per le crisi e le genesi infinite
della viaggiatrice Umanità. »

Ragione tace, e l'Anima s'afferma;
divina si conferma nella sua libertà.

 268

All'Anno d'Italia 1848
ed alla memoria di mio Padre

ufficiale dello Stato-Maggiore Garibaldino

« Amori et Dolori sacrum ».

« Italy, mother of men. »
C. A. Swinburne, *The halt before Rome*

« E si vide una diplomazia di valletti di re civettare coi nemici della Nazione, scandalosamente, perchè erano li amici della Corona ».
Oldrado, *Le Cose nuove.*

269

I

« Gemono i rivi e mormorano i venti
Freschi . . . . . . »
G. Carducci, *Ça ira*, VIII.

Accidiosa la nebbia stagna
sull'acquitrino della campagna.
Fumano i colti:
speranza di ricolti sotto la neve sudicia:
entusiasmi al cuore e speranze alla mente;
meravigliose visioni insolenti;
vaticinio s'aduna per l'azione.
Parigi è in fiamma! D'Orleans riprende
la via lunga e infangata dell'esilio.

Ora, concediti, terra lombarda,
ai tuoi germogli:
sui rami acuti e spogli

271

aggiungerai dei fiori,
molti fiori impensati e scarlatti:
e nell'ampia Città, che tu circondi,
oltre al meandro timido d'Olona,
ecco, più eccelsa, sulle trine di marmo
genio e lavoro lento e popolare,
sfoggiar come un altare,
attingere, nel lampo di un sorriso,
ori, una statua coll'oro del suo viso.

Giovanezza nel riso di sole!
O sole tra le nebbie!
Le pallide viole rispondono alla luce ed incensano:
giovanezze di guerra e d'avventure,
giovanezza d'Eroi, similitudine
d'una pagana e cristiana mitologia viva:
la Patria che determina sè stessa,
e vagisce, e si prova a volere;
si riconosce spasima, raccorda
membra, cuore, cervello nel potere,
in faccia al Secolo che la riguarda
miracolosamente a nascere.

272

Primavera interrompe le consuetudini;
s'annuncia e presente colla brezza e col vento,
soffia sui campi e le case assonnate,
brezza, canto, lamento.

O che tu venga sapida e fragrante,
grecale fresco d'oriente e spiri
dalla marina che rispecchia Italia
e la traduce, pel mare, nel Mondo;
o che discendi dall'Alpe incappucciata
dalli scogli d'argento, aspra e gelata;
o tiepido e corrente alito profumato
di bocca rosea, sul cielo di sciamito,
aliare intenerito, soave sentimento,
brezza, lamento, canto,
foriera di tempesta e di redenzione,
o Primavera, l'Uomo–italiano
spera quest'anno ancora in vano?

Ciarlano in vano i passeri nidificanti
sulla fortuna della covata prossima?
Trilla la capinera in vano balzando,

dall'una all'altra rama, a richiamo del maschio?
Corrono in vano alla fine comune
dell'ampia foce ondosa i torrenti
spumanti, rumorosi e turbolenti?
L'aurora in vano s'accende nell'oceano
del cielo imperlato con fiamme di porpora?
Cantiam, cantiamo!
Saette alla parola, armi brandite in pugno,
faville nelli occhi: cantiamo!
Ripeta la canzon le glorie avite,
le disfatte e l'ozioso servire;
la canzone divampi stendardo,
faro di libertà, bruciando e consacrando,
alle coscienze, minaccia e bellezza.
Cantiam: l'attesa agonizza e prepara
l'ultima nascita con una bara.

Italia si rizza Anadiomene latina,
armata incontro all'Europa gridando;
tra il doppio mare e la cresta dell'Alpi,
ha imbracciato lo scudo saliare e sacro,
s'imbricò di lorica mamertina;

274

l'Italia delle Arti e dell'Agricoltura
che affranca la sua terra;
la Madre Italia alla progenitura
che le rende la gloria colla guerra

II

« Liberty what of the night? »
C. A. Swinburne, *A Watch in the night.*

Furono, a preparare i lieviti nascosti,
voci chiare in la notte.
Stoico Mazzini e indomito
affratellò con lui,
moribondi, i decisi galeotti della *Giovine Italia*
E ricercar i Messi di valore
aule chiuse ed aperte coscienze;
e fecero, nel bujo della *Vendita*,
li atti ed i segni del conoscimento.

A quando, a quando?
Al gran sommovimento

275

il Vulcano darà lave e fomento?
A quando, a quando? —
Oggi? Domani? Presto!

Minacciano la pugna ed una mano addita
alle catene della Madre tradita.
Simbolo, questa Donna
sta in ceppi e piange la testa reclina.
Come Cristo a guardare nel sarcofago,
perchè non sorga e irrompa dalla pietra,
tutti i tristi e bastardi scherani della Diplomazia
vegliano in vano e tardi.

Però che l'Uomo–Cristo tornava al portento
determinato e romantico repubblicano,
anonimo sedendosi all'augurio,
nell'astruso e segreto tugurio, della cospirazione.
Epifania d'Idee al sacrificio nobile,
spose d'Eroi, riconsacrati al laccio
pubblico del patibolo; Idee rivendicate;
Cristo adduceva e con lui tutti i Martiri
senza preghiera e culto,

276

a traverso l'insulto del carnefice
e il rauco sghignazzare delle scorte.

E Cristo rosso e frigio
batteva, nel viaggio, al Vaticano
e chiedeva di Sè e della Patria
al balioso prete sovrano.
Ed il Cristo vedeva uscir dalle sue porte
Duphot e Basville e mill'altri impiagati di morte,
e, a trascinar per sospettosa cura,
nell'agonia diserta dall'affetto de' cari,
Rossi postremo ministro assassinato,
accusatore de' Gesuiti,
tra l'ultimo fiotto di sangue e l'ultimo fiato.

Rideva astuta faina il biondo Pio,
inquadrando il pugnale alla croce,
moschettier della fede ambizioso,
che ai Carbonari porgeva la destra
e da Vienna prendeva voce.

Onde il Rabbi, l'Italia, col bacio di Mazzini,

277

abbracciava sulli occhi indovini
pel tempo ricomposto in altra religione;
le assegnava l'avvento e la Messa:
« *Commemora con noi questo spergiuro:*
altri Giuda vedrai: giusto e sicuro
è il tuo Popolo e nostro.
Soferse come noi; è necessario trionfi in futuro.
Questa è la mia promessa: è la semente eterna
ch'io confido al tuo ventre ferace,
in questa acerbità glauca del Marzo aspro e pugnace ».

III

« A me ne l'ombra l'epopea distende
Le sue rosse ali e ne 'l mio cuore il sole
De le immortali fantasie riaccende. »
G. Carducci, *Momento epico.*

Tutte le trombe squillino diane;
l'epica è richiamata al suo fervore
per riplasmar fantasme sovrumane.

Sottocorno sciancato tra le palle croate, incendiario:

278

e Dioscure–Anfossi morente,
radioso legando al fratello l'arme perfetta:
elegante Cernuschi, in abito da ballo,
a giuocar tra la grandine della mitraglia,
artefice di erranti barricate;
tutto il Popolo insorto.
Cattaneo, che guida e che rifiuta;
Radetzki pazzo di livore e d'onta;
e trepido il Casati ed inquieto,
attendendo un vessillo azzurro e pigro
a sventolare d'oltre il Ticino.
E fiamme e grida e bestemmie boeme;
galli bruni a ferir sicuri e esperti
i Tirolesi, dalla Catedrale;
e cavalieri bianchi per le vie.
Rossa Vettabbia trascina cadaveri:
ed ostaggi lontani a viaggiare.
Vigliacchi e smorti dentro alle cantine,
al sesto giorno eroi incoccardati;
armi dal sasso, al coltello rude,
dalla preziosa daga viscontea;
la Nobiltà racchiusa e sospettosa,

 279

ed eroine bionde tra i feriti a raccorre.
Manara destinato alla gloria di Roma;
Orfanelli trombetti e staffette di campo;
ogni casa un bastione,
ogni giardino un cimitero;
fanciulletti sublimi tra i cannoni;
fiori al passaggio dei feriti, sparsi,
bianche mani infermiere;
amor beneficente:
tutta la Patria, fiera leonessa,
oltre le bieche invidie,
la Patria combattente,
il Popolo, magnifico guerriero.
Quindi, la fuga notturna e ignominiosa,
il Maresciallo nascosto in un traino di fieno,
cerchio d'incendio a proteggere il vinto,
inutile, austriaca crudeltà.

280

IV

« . . . . v'invita
A vera morte, ... »
U. Foscolo, *Ai novelli repubblicani, 1797.*

Col sol che ascende l'anno prodigioso
e lo precipita alle sconfitte,
gemma d'opale e di zaffiri inalza,
sulla Laguna, gonfalone vermiglio e leon d'oro.
Romban Mestre e Malghera
dai bastioni improvvisati
di tra i bronchi e i canneti,
sulla palude, che li rinchiude.

Venezia, la Regina mendicante,
si riscatta all'obbrobrio dell'arresa oscura
al Bonaparte del Direttorio;
Venezia a Pepe si confida e accomanda;
egli addottrina a triplice ventura,
all'assedio, alla fame e alla morìa,
masnada spessa di adolescenti,

281

nobili, ricchi, vagabondi di strada e sapienti.
Affida al teologo Sirtori tracciar parallele,
mistico stratega, fermo e generoso;
e Bandiera–Moro fulmina
co' suoi coscritti delicati e pallidi,
reduci dalle alcove e dalle mascherate,
or cannonieri ironici di vaglia
motteggiatori all'obici e alla scaglia,
ultimi pronipoti, instaurati
dalle ferite, nell'onore atavico
dell'illustre casato dimenticato.

E per le vigne tenere,
risciolte già dal gelo,
dai Monti Berici ai colli del Mella,
e, in sul Trentino irto di larici,
tra i balzi de' torrenti e in sulle balze
inericate, impervie, aspre e muschiose
infuria la procella.

Correvano cantando alla comune impresa;
e chi giungeva dall'Etna fumante,

 282

chi dal ghiacciajo del Monte Bianco;
d'ogni casa, villaggio, provincia, regione,
d'ogni dialetto, virida rama di nostra favella;
giungevano a riscossa, unica meta
la Patria folgorante, tra l'uragano, Stella
insommersa dal tempo e dalla Schiavitù:
giungevano, recando il cuore avvampato
come una fiamma d'argento perenne,
la mente in vaticinio come un poeta.

Tutti i Figli giocondi e dolorosi:
tutti i cordogli, le fedi, i consigli
timidi, irresoluti, o tenebrosi;
tutti i rimorsi:
gesti puri e sinceri;
minaccie, giudizii severi;
rampogna e lode e guiderdone,
ignoranza, sapienza e viltà;
le glorie, le vergogne suscitate e derise:
comandare di Principe, disobbedir di Popolo;
venalità, vendette fresche di sangue intrise;
meraviglie, disordini, bellezze;

 283

tutto a vampar nell'estate fatale,
e tutto a culminare per liriche altezze
oltre al bene ed al male.

Per sè stessa la Madre si svuotava
le viscere che avevano composto
genio, pazzia e amore:
sbocciava enorme, come un turgido fiore,
petali anime,
pistilli ardori,
Figli per sè, dati alla vita e al mondo,
nel tornear mirifico
dalla morte precoce ed agognata,
ricondotti immortali
al suo ventre silente e fecondo.

Ben seppe Brescia, emula de' Trecento alle Termopoli,
per dieci dì di fuoco, combattuti sulle porte abbruciate,
li stupri, li assassini e le vergogne,
l'urla, le scede d'Haynau e il frustino,
la gozzoviglia, la fiera ed il bottino
necrofilo ed estremo come sopra le membra lacerate

284

d'una giovane donna arrotata.

Seppero i laghi glauchi, come le pupille
delle bimbe frescate in teoria
dai semplici Maestri comacini;
seppe il Lario e il Verbano, protetti
dai greppi prealpini e riccioluti,
il tumulto, la mischia ed il rantolo,
se il giovanetto, accosciato languente e ferito,
all'ombra vaga dell'ontano, accostava,
strisciando, il corpo e all'erba domandava
rugiada per le labra livide d'arsura.

Seppero li altipiani proni all'aroma del pascolo,
Valle d'Intelvi scampanellante alle mandrie scendenti,
mugghiando, lente all'abbeveratojo,
tra li aconiti azzurri, tra l'arniche sgargianti,
l'ultimo sforzo delle bande d'Arcioni.

Seppero i fiumi, or garruli e or muti,
i greti grigi, li estuarii indolenti,
secreti a ripollare tra la ghiaja e i roveti;

 285

seppe il Ticino e specchiò tra i rosai
l'irrequiete cime dei pioppi commossi,
nel celere fuggir della corrente,
il crepitar rovente e ripetuto della fucileria.

E sopportar le glebe la benedetta Plebe,
teneramente, come le messi e accolsero,
sdrajati, come il grano falciato a maturanza.
questi manipoli d'acerba baldanza schiantati.
E l'Adda avvicendò pugne, bivacchi e sorprese
nelle brevi radure distese
tra le dighe e i vigneti,
tra li intrighi e le spesse paure
dei carpini intrecciati e impalizzati all'imboscata,
per divider li eserciti, guadata,
recando il saluto ai nemici,
dai retici giogai di Loreley romantiche,
da ciascuno sorrise e compiaciute,
sul clangor della carica urlata
ed il risponder della cannonata.

286

V

«The sword, the sword in made keen; the iron has opened its mouth;
The corn is red that was green; it is bound for the sheaves of the south.»
C. A. Swinburne, *A song in Time of Revolution*.

Cantiam, cantiamo
sopra i mutati accenti e inusitati
come il nuovo pensiero;
il Carme secolare canti il poema italico
di libertà gestante e di rimproveri.
Battano in sulli scudi armillari l'aste,
balzando al pirricchio fiammante;
balzino i ritmi come i Saliari
danzarono la guerra, tra i lampi delle daghe cozzate,
per la seminagione e la vittoria,
clamando l'inno dei Fratelli Arvali.

E canti il canto della spada acuta,
proferta al Re che l'avea condannata;
canti la spada nascosta tra il grano,

 287

le mercanzie, il remo e la gomèna,
sulla palude del Rio-Grande selvaggio,
tramutata nell'ascia d'arembaggio;
da Sant'Antonio al Salto nel viaggio,
per lo Zapesi e il Campo di Zaperas,
tramutata in lo stocco, e, nella galloppata,
vibrata a doppio taglio con gran lena.

Cantami l'Uomo Massimo del Secolo,
vestito di camicia come un contadino,
ammantato di porpora come un sovrano;
cantami il fascino dell'occhi chiari
come la lama della sua spada,
a cui l'adolescente s'incantava,
eleggendo la morte per la gloria;
cantami l'Uomo dolce e il biblico Pastore,
georgico tornato a dirizzare i bovi
sopra li ispidi cranii rocciosi delle Spregne a Caprera;
e il sicuro e preciso Almirante dei mari:
canti l'Argo scarlatto alla prova,
storia e leggenda a riapparire,
risuscitate intatte dai Miti d'Omero,

288

meravigliose al Mondo intiero.

L'Isole che si sdrajan voluttuose,
cullate dall'Atlantico,
come canestri di frutta e di fiori,
impennate di palme e dense d'aranceti;
l'Isole di smeraldo, rifratte tra li ori
dell'acque occidue; l'Isole avventurate
vider la Nave bassa sui bordi
attingere li spruzzi eccelsi dell'onde,
inargentarsi di sale e curvarsi
sopra la prora, gonfie all'artimone,
stirate sui bastoni, scricchiolando,
tutte le vele date,
volare in sul libeccio fortunato.

Perch'Egli giunge volando e stridendo:
materna e cristallina Genova l'accoglie;
Anzani dona, col bacio all'amico,
vaticinio alla Patria, eroiche spoglie
all'Italia gioconda e valorosa.
Perch'Egli vola, balenando in un nembo,

289

nel sole, tra i flutti e le messi;
condensa in sua possanza
ogni vigore, ogni cimento, ogni speranza,
condor fulvo, tornato dalla Pampa
per l'aquile di Roma in esultanza;
e il volo arresta sopra l'Eterna,
che nell'apoteosi riconferma.

Ma un'altra volta canta il canto della rotta;
segui per li aspri sentieri le schiere,
se all'insidie disposte da quattro eserciti,
con ratta e circospetta strategia,
Egli inganna e procede divisando,
la spada in sulla spalla e cavalcando,
da San Marino sfuggito a Gorzcowski:
dimmi l'angoscia, se la sposa affida,
cadavere bellissimo, votato,
tra il mare e la maremma,
alla passione d'Italia;
e s'Egli intende ancora fasciato di cupa gramaglia,
carcando altra fortuna nell'ultima battaglia,
proteso ed anelante alla Laguna.

290

Ma ghigna, Canzone, se vedi intrecciare
corona di rosario a corona d'imperio;
se da Gaeta porge la mano Pio chiamando
Napoleone il breve, biscazziere elegante
e trafficante d'insurrezioni.
Tutta Europa braccava uggiulante,
come un segugio in ansima e in caccia,
le fauci avide, aperte:
Roma repubblicana rinnovava, tra folgori e tuoni,
gesta e miracoli, divinizzata in faccia ai troni.

VI

« Anita fa nono au bousin del canou
En la bras de Giausé la sieu testa repána,
E souta lou baja d'un amour silensioûs
Lo sieu bouca, plan plan, su la siena se plana ».
D. Rondelli da Nizza, *Anita, 1909.*

« First name of the world's name, Rome. »
C. A. Swinburne, *To Josepb Mazzini.*

Roma, che si era desta
tra le pigri memorie istoriate da' suoi travertini,
squassando la chioma e rizzando la testa,

ascoltava la legge dei Triumviri e apriva le braccia
ad ognuno accorrente con una minaccia,
o d'arme, o di parola, in pugno e sulla bocca,
e proteggente contro l'assedio e la fellonia.
E, nell'illuder dubio della Diplomazia,
Francia falsa repubblica bigotta,
a soffocar nel nido de' Sette e Sacri Colli
l'Aquila millennaria e ghibellina,
manda Oudinot chierico generale.
« *Caino!* » stride l'Aquila allo Sparviero.
« *Alle mura, alle mura, alle mura!*
Tutti i Romani alli spalti di Roma!
Roma accetta l'estrema bisogna! »
Furono illuminati dalli obizzi
le donne, i fanciulli, i malati ed i vecchi,
come un dì sulle torri di Troja;
furono e si nomar altre Gildippe,
se la sposa allo sposo porge l'arme e riversa procombe,
svuotato il fianco, nel sorriso bianco e maritato
dall'amore alla morte e immortalato.

« *Alle mura, alle mura, alle mura!*

 292

Sotto la pioggia alzate le trincee! »
Avaro sol di Maggio alla Repubblica
se lagrimi così astioso, freddo e livido
sulli apparecchi delli assediati.
Fermenta la Campagna; erutta e si copre d'armati:
sorsero catrafatti dai denti del dragone seminati
da Cadmo pelasgo nell'Ellade rocciosa;
sorgono, quì, per tenzone gloriosa,
schiere, cannoni, cavalleria:
rinnovano il miracolo spumante della mitologia.

Quattroventi–Corsina, vedetta allo sbaraglio
presa e ripresa in un turbine
quando Bixio–Ettore sfavilla
sopra le selci della scalea ripida,
scalpita e sciabola bestemiando:
là dove Morosini, imberbe Miseno mancò,
captivo a meraviglia in sul letto di morte ai nemici. —
Villa Spada bloccata, ampio bersaglio tra i pini,
ai sapienti fucili dei verdi *Cacciator' di Vincennes,*
dove cadde Manara accennando,
al di là della tomba, al Morosini,

 293

fidanzandone il fratello coll'anello de' suoi sponsali,
legandogli i due corpi per la terra lombarda. —
Ed i dragoni azzurri di Masina
come un uragano d'acciajo a caricare. —
Mangiagalli magnifico d'audacia,
illeso e invulnerabile a più strano valore,
fortunato bersagliere arcangelo; —
apollineo Mameli, bellissimo Tirteo; —
Pietramellara, Sacchi, Daverio lagrimato; —
reduce da Vicenza, Bruzzesi alla difesa
de' Monti Parioli, declamando Foscolo; —
Induno incavigliata la vita nel corpo
aperto per trenta ferite ed ostinato a vivere. —
Scosso il Vascello a franare muraglie
nella bufera dell'artiglieria,
e, col troncone in pugno, in sul classico rudere,
Ajace–Medici a contrastar la presa. —
Ultima e generosa spavalderia a festa,
San Pietro illuminato, ironico ai Francesi,
e, nella notte, da sul Gianicolo a Porta Angelica,
i fuochi del bivacco, la fucileria
scrosciante sulle preste vampate di fumo e di fiamme

294

alle vaghe girandole interzate.

Già mai nel tuo trionfo, Roma, hai veduto splendere
più sublimi giornate e al tuo poema!
Vennero per i secoli le torme, li eserciti, li assedii,
l'assalto, il sacco e le stragi,
dal Bren bracato e dalla spada lunga,
dall'Unno ferino, sudicio e rapace,
dal Franco biondo motteggiatore
dal Micheletto cupido e spavaldo,
dal Lanzo tardo di birra e luterano,
dal Sanculotto agile e pezzente,
dall'Ussero balioso amator prepotente;
vennero, Roma, da molte patrie,
alla conquista de' tuoi monumenti,
vengon le Tigri d'Africa ruggendo;
oggi, le osteggia e le sbrana
il possente Leone uruguayano.

Vedine il *poncho* tumido,
come una vela, segnarlo nella mischia,
bianco come il suo amore,

 295

rosso come il coraggio,
irresistibile, miracoloso,
nella tormenta del convulso paesaggio,
tormentato modello alle tele di Salvator Rosa.
Da Velletri, manovra spiccia e allegra,
a San Pancrazio, aperta esplosion di vulcano,
da Porta Portese, a' Cavalleggeri, sulle difese,
vedilo, e nei ridotti, celiar colle granate;
di tra le fascinate e l'opere avanzate,
correggere il cannone al tiro, dalla cruna
fissando l'occhio chiaro all'indice;
vedilo galloppare, come una apparizione,
sopra il terreno che la zuffa abbandona:
con lui l'amazzone Anita impiumata
reggendo al corso un suo bel rabicano,
tra il barnabita Ugo Bassi, tribuno, asceta e soldato
e due garzonetti fragranti, come l'adolescenza,
paggi succinti e trombetti,
all'ondeggiar dei corsi pomellati,
il moro Aguyar seguendoli, alla coscia
la lancia a fiamma lucida inalberata.

 296

E sempre il grido: « *Alle mura, alle mura, alle mura!* »
Oudinot rovina Michelangiolo,
Bramante, Guido Reni, Cellini,
le colonne millennarie
al Tempio della Fortuna Virile,
il Campidoglio intemerato come la Repubblica.
Oudinot bombarda Catone e Giunio Bruto.
Dal Testaccio, San Saba, l'Aventino,
rispondono i mortai;
da Villa Pamphili al baluardo del Pino,
d'ogni convento mutato in fortino,
d'ogni arco infranto, dalli acquedotti,
per la Campagna camelli smarriti e sbandati;
d'ogni rudere serbato
dal vallo e dai gabbioni delle batterie:
fango, sangue, clamore, cannoni smontati,
membra spezzate, cassoni rovesciati;
le corsie asfissiate di fumo,
spazzate dalla mitraglia.
Tetro cipiglio, Monte Mario s'aggrotta
sulla bandiera sventolante a sbrendoli:
San Pietro appare in un mare di nuvole fosche,

297

cupola d'oro, fumante altare.
Stoica persistite l'Assemblea severa:
« *Renderem la Città sommossa e nera*
come la fresca fossa della italianità.
tutti hanno fatto sagramento a Lei,
massima tra li Dei. »

Roma piegò col ventre squarciato e slabrante,
come un bruno Retiario al coltello del Gallo,
clipeato e protetto da piastre di rame:
squarciata nelle mure aureliane, concesse,
tra le macerie, passo alle breccie deserte.
Bruciate al sol di Luglio accolsero i nemici
cauti, guardinghi da Piazza del Popolo,
statue perenni e formidabili,
Marc'Aurelio e i Dioscuri;
rifiutarono mute al Pontefice
l'Eterna ribelle apostolicamente bombardata.

298

VII

« Non è la vostra felicità, non il bene vostro che lo guidi, sibbene ambizione di regno brama di conquista. »

Radetzky, *Milano, il 17 Marzo 1849.*

Cessa, Canzone, non cantar più:
Anno dileguiti, confonditi nel Tempo;
altra sciagura domanda a un Re,
commemorando un'altra vittoria,
tuona d'Agogna contro il bastione
l'ultima prova, Novara!
suggello a un trono sulla Nazione.

Savoja azzurra scaglia la disperazione,
smarrita, lacerata, eroica piemontese.
Li squadroni balenano, vacillan ripiegati;
polacco Czarnowski, tattico da salotto,
e Ramorino fucilato a torto confusi nel cimento;
e, mentre avanti al Re passa Perrone morente,
sagace Thurn decide la vittoria.

299

Aspra conquista il Ticino intermesso,
che fugge specchieggiando pel Ducato ambito!
Doloroso ricredersi, dopo l'invito della fortuna!
Sotto la pioggia incalzan li Absburghesi
le rotte schiere, le sbandano i lancieri.
Livido Carl'Alberto, nella bruma,
sente ghignarli vicino,
cugino d'*Annunciata*, il Galateri.

Basta, Canzone, non cantare più;
hanno sepolte le nostre virtù.

VIII

« O son man: . . . . . .
O royal, o republican
Face of the people bruised and dumb
And longing till this kingdom come! »
C. A. Swinburne, *Before a Crucifix*.

Quindi, silenzio e tenebre:
Cristo, ritorna, è l'ora tua!
Viene, si ferma, lacero, sparuto, innominato
sulli incendii e l'arrese delle vinte Città.

Nella vigilia del rimorire,
rinnova a Italia l'abbraccio e ripete:
« *Commemora con me questi spergiuri:*
eccoti li altri Giuda.
Non dimandare a loro il perchè vile.
Oh Milano, oh Vignale!
Bevi alla tazza amara;
temi le cupide ugne sparviere,
e le labra mellifue e dispensiere.
Il Popolo ritorna alle catene:
mi rinchiodono in croce:
ti rinchiodono insieme.
Non disperare Cristo–Prometeo attende,
e Giovinezza insiste sulla vicenda triste,
sempre miracolosa. »

Ala del tempo, scorda le memorie.
Non suscitiamo l'epica, rimorso.
Giuoca perenne l'istoria nel corso
corone e imperio, ma non careggia Libertà all'oblio
la ferma in cifre immobili.
Pietoso un Ospedale,

301

tra il rantolo dei tisici ed il delirio dei pellagrosi,
legò l'espiatorio funerale dei morti alla Colonna.
Ironia di proposito, una stola viene a ribenedire le straziate
vittime dell'eterne sue alleate.

Polvere sui ricordi e nebbia alla coscienza:
le fortune svamparono; rimane il tradimento.
Bronzo recente, macigno e cemento
eretto sulla porta trionfale,
vuole la Popolana, nell'atto di battere
l'enorme ed intatta campana,
battere forte e bene il metallo marziale?
O possente Maestro comacino,
per cui virtù di Popolo infutura,
vuole la tua lucente Creatura rizzarsi,
come il Leone che l'attende vicino,
accovacciato, sospettoso e snello, per ruggir nelle vie?

Noi aspettammo assai e troppo abbiamo sperato.
Vennero dal Ticino, con bandiera imprestata e rimutata;
segnaron orme vivide alla traccia,
da Racconigi, a Tombolo, a Caserta,

302

le palle sapienti de' lor Guardiacaccia.
Noi fummo molto prodighi di vite,
le abbiamo sperperate:
vennero dal Ticino,
ci ha risposto l'agguato d'Aspromonte,
spiccia e sabauda riconoscenza
commessa al nobile Pallavicino.
Ed abbiamo creduto a carità fraterna,
colla menzogna alterna, accettaron Mentana.
Noi ci siamo accucciati a lor piedi:
ci hanno ucciso Barsanti:
vennero dal Ticino: han conquistato.

Mezzo secolo dopo, delli allori croati invidiosi,
maggio di rose, maggio d'assassini!
rinnovaron le funebri mortelle sui gaschi savoini;
fecero nuove e riapriron ferite.
Monumento di bronzo, di quei giorni,
la Popolana che batte a rivolta
vedemmo sudar sangue:
della mano protesa ne toccammo le membra;
diaccio metallo, ma la palma sporta

 303

ingrumata di sanie rappresa.

Tal venga a confermare Ipocrisia
il reciproco amor dell'alleata:
l'una risponda all'altra in cortesia
gemini mostri d'una covata.
Oggi, uno sgherro boemo infuria a Trieste,
gli risponda a Milano un piemontese;
riconfermin l'origine divina
corti marziali e canaglia di rasi galeotti,
dalle adriache sponde ai flutti di Liguria,
sopra Savona singhiozzanti e rotti.
Stiano i confini indifesi e interrotti,
alpestre passeggiata d'avanguardia,
al provocante *Cacciator Tirolese.*

304

IX

« Sire! Voi siete un padre sfortunato, e mi duole che per la tragica fine del vostro unico figlio abbiate a provare tutto lo strazio del dolore che provai in quella triste mattina del 20 dicembre 1882. Curvatevi come me innanzi alla suprema volontà. »

Giuseppina Oberdan

Ma Natura assicura il castigo;
al contrapasso elegge e prepara
i maggiori e più belli alla bara.

Là dove volle eretta, delizia a sè e ai nepoti,
Maria Teresa Schönbrunn, bella fontana allegra, —
e morì un Re di Roma, avvelenato di baci e di carezze,
sotto spoglie nemiche, Duca di Reichtadt; —
alla notte, nel parco, se tacciono i serragli delle belve,
se la spianata della *Gloriette* si protende magnifica,
azzurreggiata e ride alla ghiaja d'argento
al passo nobile delli scarpini regali;
quando la luna incanta le statue,
li alberi ed i laghetti e il pispillar de' zampilli,

305

tra l'odor delli abeti, l'incenso delle aiuole,
tornano le Fantasime a convegno,
con seguito chiassoso, o meste, o sole;
Dame bianche e silenti, Cavalieri,
Filottete e Tristano di doppio poema,
ambo di un sangue scorso da Carlo Quinto,
discordia di tre razze bulicata,
da tre rivi nemici assommata.

Non per Germania, grande patria a sorreggere
nelle vicende, Ombre tutelari;
non pel vicino, o remoto confine del misto Impero;
ma per vendetta accolta e personata,
ma per nitido e freddo lavacro,
Absburgo, a preparare sull'ultimo e canuto
Imperatore Edipo inquieto e macro.
Lustrano, in lai, frusciando di veli e corrusche
di tenui giojelli alle dita;
susurrano parole d'amore e di sgomento
per l'aria abbrividita.

Viene Massimiliano di lontano,

306

disturbator di patrie americane,
inseguito da Juarez giustiziere che lo riporta
alla Sposa, così, trasfigurato.
Ella l'incontra sui viali, pazza
a mirar le ferite in mezzo al cuore:
« *Oh! tanto amore pulzava in quel cuore*
e fucinava sangue generoso,
dal dì ch'Egli sedette biondo e affabile,
reggendo i Lombardi e sorridente
alla mia grazia fragile e compita! »
Il ferrugino Miramar sospeso,
sopra la baja rubata all'Italia,
nido, come conviensi, ad aquilotti,
Miramar gajo di canzoni e risa,
l'Enzo rammemorò, alla parlata,
Manfredi e il trovator, Massimiliano
sacrificato ad Huitzilopotli rovente e messicano.
Ulula e si dilacera le vesti
senza posa in traccia Ecuba vedova;
nella notte s'insegue l'ululato,
rispondendo ai levrieri della venaria.

Viene Rodolfo con Maria Vetzera,
auspicati da Mayerling sposi,
bigami sposi di tra i picchieri,
rifuggiti al carnajo e religiosi
d'ultimi fiori alle ricciute chiome,
entrambi giacenti e intrecciate le membra,
sopra il mosaico impaludato:
Rodolfo viene dispensato e franco
dalla corona duplice e pesante.

E vien la Madre errante, Valchiria assorta
al Valhalla infuocato e gelato,
agitatrice di cavalli e fervida,
come la vide ridente donzella,
i capelli fluenti alle spalle in anella,
di gelsomini incoronata un dì,
nella foresta di Witelsbach compagna
ad Elsa di Brabante, l'adolescente Re;
viene, sul cocchio imbrigliando i polledri,
alla canzon di guerra e d'assunzione.
Le cavalcano a fianco le Valchirie sorelle,
cozzano l'aste alli scudi gridando:

 308

tornano ad incontrare le snelle Amazzoni:
rivedon l'Achillejon bianco e l'Ellade,
ed Ettore morente, i marmi di Canova,
Heine seduto, mesto al suo fato;
conducono il periplo irrefrenato
al segno della vita, sulla riva del lago,
dove, regina e madre liberata, indifferente,
cadde raggiunta da un coltello demente.

Vaghin dunque le Erine d'Oreste
nel Castello di Schönbrunn la notte,
rechino le tempeste,
numerando le gioie interrotte,
incalzando le colpe imperiali
a queste amare espiazioni lente
in cospetto de' popoli pietosi.
Vengan, rombando, coll'ale al ministero
di una sanzione e al logico mistero

Ed ascolti l'Austriaco Edipo,
erto sul capezzale, assediato dalle paure e dalle scorte,
tregendargli vicino alle porte;

 309

e Sposa e Genitura e Parenti, ed Amici,
sulla infeconda rovina di un popolo:
Ei diede inferie di sangue italiano
alla sua Casa, non persuasa della penitenza:
sobbalzi inorridito e preghi in vano.

X

« Non questo, o fosco figlio d'Ortensia,
non questo avevi promesso al parvolo. »
G. Carducci, *Per la morte di Napoleone Eugenio.*

Nel giubileo, venga, augurando
a Francesco Giuseppe, l'amica Montijo,
viaggiatrice smarrita in esilio, pomposa
di molti nomi, Contessa di Teba,
apocrifa Duchessa di Peñaranda,
cavallerizza, Dama di ventura e d'onore
ad Isabella di Spagna, lasciva
pel galante Marfori dai posticci polpacci inguantati
di seta carnicina e ingannatori.

310

Ben gli conceda il bacio sulle guancie,
corne vuol l'etichetta, ricordando
un dì, Camelia sfiorita, la *Bohême*,
maestra d'eleganza a Clara Pearl ed a Nana,
cortigiane di sfarzo ed imperiali.
Rievochi Morny, bastardo fiero
della divisa barrata sull'Ortensia,
ostentator d'adulterio materno,
le farse sue cantate ed il prestigio
delle doppie parole incatenate, Morny ministro,
fratello al fosco Luigi promettente
a Francia egemonia ed al figliuolo.

Ma passi la pinzocchera lustrando
da Parigi ed ammiri le rovine della Corte de' Conti;
e Persigny–Fialin cuciniere lordo, rimembri
d'atroce zuppa di cervella peste,
di feminili interiora sconciate,
servita al fango diaccio di decembre.
Rivolano le caccie di Compiègne,
amazzoni il giorno corrusche di moerri,
a postillare il bosco tra i cavalieri scarlatti —

 311

hallalì, hallalì, per la Francia! —
Evie notturne e nude al capriccio
del Sire che le insegue collo stuolo?

Vegga il Gallo crestato e plebeo,
come una fiamma viva, rizzarsi in contro a lei
dal rombo ignivomo della Comune,
ultima dell'Impero eroicomico,
sorretto dal *can–can*, decapitato a Metz,
boja Bazaine. Ecco, il Consorte
tra li Ulani confuso, prigioniero,
sconfitto, imbellettato, curvo e scarno:
chi, dalla torre d'Ham fuggitivo,
salì ingannando e giacque ingannando sè stesso
ai piedi del Prussiano oltraggiatore.

Felice Orsini ti ha chiesto in risposta,
Imperatrice assunta al male augurio,
onta di miserabili sconfitte, in faccia all'Europa?
Mentana, Eugenia, ti reclama al passo
pei giovanetti sacrificati da' tuoi Zuavi,
per la morte di Vigo Pellizzari,

 312

morte di principe tuo figlio lontano?
Aperse Letizia, alla casa d'Ajaccio,
dal ventre opimo enorme genitura,
donde si nominò l'Epoca e stette
a riassorbirla, Mane insistente e stipite:
la barbara zagaglia del Zulù
ombra, le apporta l'ultimo nato,
Napoleone Eugenio a cui speranza
fremente balzava, cavalla di guerra,
per la conquista della patria terra.

Or, lagrima all'abbraccio augurale,
vecchia amica d'Absburgo, commemora con lui
nel giubileo tutte le colpe ed i conflitti:
anche vi ha preso in signoria il Destino,
ruderi umani vi regge esemplari,
nudoli, spasimati e derelitti.

313

XI

« Taci, è pietà! »
G. P. Lucini.

Ma perchè non conoscono li Altri
le larve avite nella rassegna al bando della istoria?
L'Avo non vide nell'ultimo sogno,
sorgere dell'Atlantico fiammante,
tra le nubi a bandiera scarlatte,
messianico Ruffini a suggellare colla vita il patto?
Non sereno Vochieri e severo?
Gli balenò Santorre di Santarosa armato,
tra le forre secrete e profonde della Villa,
lungi guardando al Douro estuante nel mare,
cercando Italia, per altra patria ucciso,
Italia e libertà, al fuggiasco fatale?
Sperò mai dall'esilio ricondurre
Carl'Alberto nel vespero schiere fittizie
d'in torno a lui, ingannate e sorprese
dalla prima Novara alla seconda?
Sopra l'emunte guancie non bastarono

 314

lacrime e avvolto alle reni cilicio?
E non risuggellò l'espiazione
sul Trocadero l'Abdicazione?

Se Roma vantano possesso ed acquisto,
la Patria si commette ancora e sempre
all'Eterno suo Cristo incondizionato.
Guardate il portento: una fossa si è schiusa
recente ed incalzata in sulla vita....
Volgete la faccia sconvolta:
non guardate mai più....
Natura designa e conforta, bilancia l'equilibrio,
riflette col delitto la virtù.

315

Al 10 di Marzo 1872

per Giuseppe Mazzini

« Il Corpo a Genova, — il Nome
ai Secoli, — l'Anima alla Umanità ».
F. D. Guerrazzi, *Epigrafe per Mazzini.*

« Ne l'aër d'alte visïon sereno
Suona il verbo di fede, e si diffonde
Oltre i regni di morte e di fortuna. »
G. Carducci, *Ora e sempre.*

317

Al pietroso Bisagno
la primavera impaziente spia,
ma i rigogli son tardi a sbocciare
e le speranze s'annegano in mare.

Rivolo di Liguria: ai grigi ulivi
freme frescura dalle rupe scabre:
ai verdi prati brucano le capre
i primi fiori:
ma hanno svelto dài cuori
delle mani venali l'entusiasmo.

Bianca, scendente, alla tua spiaggia, Genova,
per bianca teoria di marmi e terrazze,
tra le molte tue piazze,
quasi in cima a una acropoli,
sta una colonna a faro.
Qui, riconosciti nel monumento.

319

Due di fronte a riguardarsi immoti:
due, il passato e l'avvenire;
per chi, correndo a una conquista, venne,
colla rivoluzione, portando servitù
dentro le sacre pieghe del tricolore;
per chi sacrificato e colla fede in cuore
seppe l'esilio e il carcere ed impose per le sue virtù,
dentro alle menti, sigillo d'amore.
I bronzi si conciliano?

Sogno all'enorme vagheggiar sul Fato!
Eran le meraviglie giovanette al giovane pensiero:
pel mar correvan vedette invelate al viaggio del mondo.
Egli comprese dallo scrosciar fecondo
dell'onde sulli scogli, rombare e proclamarsi
libertà universale sotto il zaffiro del cielo.

Stavano un dì, dalle mura e dal porto,
sotto la guida del Cintraco e del Grifo,
a mirar dileguarsi nell'alto
le galere guerriere, le tue donne, Genova.
Strano periplo, la croce insanguinando per le sabbie

320

le vele immergendo nei flutti insanguinati,
per Aleppo e Corcira e Soría e Rodi,
segnando di sè stessa aì quattro punti glorie e sciagure.
E, sulla verde celebrità del golfo,
partenze, tra le rose, i cipressi e li scogli;
le donne a salutare lacrimando.
Cuori nel gesto ultimo, baci
a spiccarsi dal molo,
colombe rapide al volo e porpuree
d'angoscie, di speranze, d'orgogli, d'umiltà;
oh, colombe di Genova, dal Faro,
lungi, sull'acque a portare l'addio,
italica ragione di famiglia, patrocinio al ritorno.

Sogni; ricordi? Pel sangue puro dilagato,
sogni alla redenzione.
E il poeta filosofo impartiva ai volontarii la benedizione,
e Italia al Dio d'Italia egli aggiungeva pel Popolo futuro.

Se ricercar le notti silenziose i giovanetti fervidi,
nel segno sobrio e muto del convincimento,
confessaron la Patria; il giuramento

fermò la preghiera al gran disegno.
E se la Patria attese la fiaccola accesa a vittoria,
nell'ora che il destino suonava al movimento;
alle distese praterie protese,
vite di giovani, genio e sofrire.

Così, Bisagno, presso al tuo estuare,
Argo fatale tenterà l'avventure, colle prore sicure
inrostrandole al suolo siciliano,
non ultima prova a confine perfetto e poema,
Nazione in arme, tremenda e formidabile.

Oggi, torneo del secolo, torna per altro giro:
l'oblio trascorre indifferente.
Tomba massiccia e rude
soffoca e chiude il suo veggente.
Vengono a lei senza arrossire:
serpeggian sopra l'ampie gradinate
mille e diversi cortei di commemorazione:
passa la folla che ciarla, stanca,
pellegrinaggio d'ostentazione.
Genio austero, per chi ti si presenta,

322

quale sarà il rimprovero solenne?

Hanno fatto un deserto, e lo chiamano pace.
Hanno fatto un festino, lo chiamano ricchezza:
hanno costrutto un regno sull'impudenza.
No, chi non viene a schiera a por corone,
a sventolar vessilli a celebrarti,
nelle pompe ufficiali e tra i clangori delle fanfare,
questi, è con te.
Sente un disgusto lente ma tenace
ascendergli la strozza, lagrime d'ira, singulto di vergogna.

Bisagno garrulo,
rotola a mare,
ti manderem le amare disillusioni a beverti.
Ti sfruttano la gloria, Staglieno incipressato di mestizie,
fresco e sereno nella primavera,
glorie di morte a rampogna per chi serve ed opprime.

Lontane appaiono le cime candide delli Appennini;
oh troppo candide, o troppo vergini, frigide ancora,
intatte di nevi, di sogni e di purità!

323

« *Ora?* » Consiglia di nuovo l'Eroe da Caprera
« *Sempre!* » risponde il Tribuno ed afferma.
Vagella la speranza: sul Pantheon romano
si affisa una stella d'incerto colore;
le piccole coscienze vi si espongono, per sovvenir lontano.
E pure l'onda in sulle spiaggie italiche
suscita maraviglie giovanili,
svolge un'ardente e pura pubertà;
e noi sentiamo il battere dell'onde,
dalle arterie del mondo,
nelle arterie del nostro corpo giovane;
noi sentiamo il profondo ministero del tempo,
su queste sponde che saldano la storia al vaticinio.

« *Ora* »; per li occhi volti all'oriente
è il nuovo sole:
« *Sempre* »; la mano adorni con ramo di quercia
la pietra estrema; poi, come da un altare
faccia il gesto di chi sparge semente.

 324

Al 6 di Marzo 1898

per Felice Cavallotti

« Vibra la rima come andresti in guerra ».
G. Pinchetti.

« Nunziatrice dei giorni venturi
Vaga errante pel mondo una idea ».
F. Cavallotti, *In morte C. Cattaneo.*

 325

Parola: azione pura e luminosa,
muta parola, or morta, nella morta
bocca straziata; estrema, sanguinosa parola.
L'oblio, no, non chiova la porta del passato
sopra la gloria e sopra la speranza;
non stira, sulle cripte della istoria,
la tenda nera della dimenticanza,

Pervicace memoria!
Ai rigogli dei fiori,
sopra la terra madre della italianità
serpe, una spada mozzava il volo
alla parola di libertà.

Sta; nel tuo sacrificio a un pregiudizio,
violento e coraggioso: un assassinio valse
per noi, l'ignobile e mendace artifizio
d'una giustizia postuma.
Sta; non udire; rimani nel sogno

327

splendido della mente senza impacci;
sta, nel rosso bisogno dell'anima che ascende.
In mano ai Ciacchi sian con la Patria noi.

Sta: pel tuo carme profluente, vibrino
l'aste lucenti ancora i biondi eroi, giovanetti sublimi;
e, sul peana, all'indomani, squillino
le trombe d'oro del rinnovamento.

Pietoso sentimento! Una corona di fiori scarlatti.
Oh, lontana vendetta!
Una vedetta segna, nel fondo della valle,
accalcarsi una schiera di pezzenti, senz'arme;
o parola lucida come il sole.

Pietoso sentimento, sopra il raccoglimento
della stilita tomba in faccia al lago,
recar ghirlanda bruna di viole.

Ecco, il pianto e lo strazio della Patria:
ecco, la Madre eterna che piange e s'infanga
e tenta uscire dal pantano osceno.

 328

Solleviamo la Donna, e ch'ella non s'affoghi;
che noi non ci affoghiamo colla Madre!

Urla, parola la peggior bestemia postuma!
Le bisce d'acqua putride ascendono sul collo
per strozzar la captiva: no, non vogliamo morire,
con lei, asfisiati dai veleni del putridume.

Venga l'ossigeno puro de' ricordi;
venga il rimprovero aspro della bocca pura;
venga lo sguardo sereno e sicuro,
in faccia alla canaglia potente e ridicola;
si perpetui infamia sopra il delitto impune.

Grande azione al futuro, parola inconturbata:
il beneficio sorge dal sacrificio:
sempre, sopra al calvario insanguinato,
un Cristo redime il peccato non suo
pel trapasso fatale di una eterna ragione di natura,
per l'amore e per l'odio, per il bene ed il male.

329

Per una Fantasima, sopra Due Cadaveri

«Exoriare aliquis nostris ex ossibus ultor».

« Giusta di gloria dispensiera è morte »
Ugo Foscolo, *I Sepolcri.*

« Sto colla Morte, indiscusso fenomeno del Bene, la Morte che purifica ed assolve. »
G. P. Lucini.

« ils ne sont pas des criminels, ce sont des vengeurs; l'histoire ajoute que ce sont des héros.... »
Amilcare Cipriani, *Réponse à mes Calomniateurs, Paris, 1900;* **Le Petit Sou.**

331

Dei rossi fiori sulla rossa aurora;
macchie di sangue, le nuvole in cielo:
macchie di sangue, garofani rossi,
tra l'erba grassa.

Corone vive di sangue, garofani;
oh, bocche tumide di lungo pianto,
bocche sformate, viole appassite,
bocche sizienti,
bocche affamate,
corone votive ed umane al Suicida.

Fu nella notte illune;
grave e densa alli scogli schiaffeggiò la marata.
Onde sommosse, inquiete, chiedendo
al granito di un morso secolare,
corpi d'alghe, di fiori e di frutta,
ostie vive, sacrificate;
onde, accogliete Chi si rifiuta;

 333

Chi suppose l'uomo migliore,
seppe l'indifferenza delli uomini e uccise,
prima, classicamente, poi si diè morte.

Onde; le cripte rosee dei coralli,
come il sorriso delle Oceanine;
onde, le sale lattee di conchiglie,
come il bel fianco delle Oceanine;
onde, i boschetti preziosi e fiammanti,
fiammanti verdi e fiammanti di croco,
come i capelli delle Oceanine;
onde, morbide, instabili, seriche,
tra il scivolar delle spume e l'irridere
del risucchio, capriccio umido e glauco;
onde, mistero del mare e superbia,
avete preparato, nella notte,
bara meravigliosa e imperiale,
lunghe teorie al funerale,
perchè scenda l'Araldo dispiccato,
nel tonfo sonoro, compreso,
dentro il vostro riposo indisturbato?

334

Stette beffardo al nobile giubbetto,
Ed Egli, che fu povero e contese spesso alla fame
il giorno ed il pane, Egli è così munifico
di gittare Sè stesso, cadavere, alle bieche paure di un regno,
di sdrajarsi, sformato, assassinatosi,
tra i merletti, i gingilli ed i sorrisi
di un favorito natale principesco.
Ecco, il regalo enorme, eccezionale
del pezzente galeotto infamato;
Sè morto donare più vivo dalla stessa morte
al vagito iniziale del bambolo, nipote
di un uomo da Lui assassinato.

Volle così:
Fosco, tenace percosse ed aperse le porte al mistero.
Volle così:
materiare e stringere di sua mano il groviglio della vita;
baciar la coda e i denti, nello stesso minuto,
del mistico serpente che inanella il presente ed il poi.
Racchiuse eternità,
tra la morte pensata e amministrata,
giustiziere di altrui,

 335

tra la sua morte cercata e confermata,
ultimo orgoglio del suo volere.

Amare la Morte; raggiunger l'Infinito;
spingersi in sui confini e guardare al di là.
Non avere timori: sperare nella Morte,
nella sua e d'altrui:
dal fatto che riduce e riconduce
il palpito al silenzio e la carne alla gleba,
suscitar, proclamare, invocare la Vita.

Dell'acquile scarlatte battono l'ali aperte;
stridono, chiamano, in questa aurora pigra
l'annuncio al Desiderio.
Nuda Bellezza sui sandali d'oro,
scenderai dalle nubi di vermiglio,
candida come un giglio,
sopra la doppia morte,
o Pace di Giustizia, ad imperare?

Volle Colui incitare il destino
di questa elementar benedizione?

 336

E sparse sangue?
Le miti tuberose
fioriscono vicino ai carnai suburbani:
l'indomani giocondo e glorioso fermenta
dentro alla nuvolaglia del crepuscolo:
una fiaccola acuta ferisce per le tenebre;
e le tenebre raggiano alla fiaccola.
Candida come un giglio, sopra ai sandali d'oro,
nuda Bellezza si cinge i fianchi di porpora.
Volle Colui:
sul passo estremo e atroce, sospettosa,
nuda Bellezza ancora sogguarda ed indugia.

Anima:
non vogliamo sapere chi Tu sia:
anche Tu fosti tra noi il pio innamorato
a rivolger lo sguardo calmo, e stanco,
e molto pensieroso sulla umana tristezza.
Non vogliamo sapere chi Tu sia:
od il bimbo lasciato per la via, nel fango dei rigagnoli,
fatale, destinato alle sue gesta,
fiamma vivente, livellatrice e delinquente.

337

Non vogliamo sapere!
Uomo, sintesi d'ogni e qualunque moral soferenza,
Uomo senza clemenza;
o il Mago Galileo, Agni a morir per noi, sopra il Calvario,
Eroe delle sincere abdicazioni:
non vogliamo sapere, noi vogliamo ignorare.
Il Tuo Nome è d'istoria:
s'incide nel fondo della morte, Anima,
bello ed atroce simbolo di un dì.

Noi crediamo così:
che Tu fosti assai peggio e migliore di un uomo:
e abbiamo trasalito al gesto orrendo
sopra a lui, donde venne tua morte:
oggi, commemoriamo il gesto di rinuncia
che Ti rigetta al nulla.

Atomo, Vita!
La materia distilla pure essenze;
e le nostre credenze ci rinnovano
mitologie antiche, Atomo.
Liberi fiati sprigionansi all'etere,

338

per il sole, pei fiori;
sorrisi di luce ritornano, Atomo,
qui integrati nella dissoluzione,
costante ai mirifici amori;
Anima, per vagare e per desiderare,
stanno sopra al concetto comune
del Bene e del Male.

E perchè Tu facesti, e qual sia la ragione
dell'una morte e dell'altra non vogliam dimandare.
Spesso l'amore abrucia,
le fiamme dell'amore s'avvelenano d'odio;
l'odio, l'amore dei miserabili.
Lunghi angosciosi pensieri di dubio
nella muda ferrata.
Vecchie letture di fiabe orientali;
Jhave feroce che fuma battaglie,
sui campi devastati di Saaron, attesta
la protesta teocratica contro il pensiero.
Cammina Asvero, cammina sempre,
egli porta la soma dei delitti e prega alle sciagure,
ma predice venture incontrastate.

 339

Vecchie letture dentro alla muda:
a cercare, con Paolo giustiziato,
sulla strada di Roma, l'amore,
a cercar, con il critico Marco, porto racchiuso, calmo
per lo sbarco delle venienti coorti d'amore!
Quindi gittò le fiabe e sorrise alla morte.

Stette beffardo dal nobile giubbetto.
Non disse una parola,
coll'ugna rotta del pollice grafì, sopra la pietra,
sangue; nel segno, confermò la minaccia:
« *Vendetta!* » E attende, ultimo Ruffini
sacrificatosi alla Patria sfuggendo
preteso accusar di fratelli, martire suicida.

Per Te si svolse ansia l'azione;
su Te discese nella muta oblio?
Ferme coscienze fucinano ancora,
temprano al fuoco la vendicazione, ripetono l'arringo;
Antinomia incorona i due poli stridenti
di rovi disposati ai magri cardi.

Venisti o troppo presto, o troppo tardi;
ma la tua mente ha compreso.
Tu non fosti sorpreso dalla morte
l'hai studiata ed amata: scendi alla pace.
Bellezza nuda sui sandali d'oro
ricomponesi all'ultimo respiro:
lacera la cortina delle nubi,
ti ammette e rappresenta per bianco avvisatore:
Egli ha soferto ed ha fatto sofrire
più che noi non possiamo imaginare.
Angosciata Donna chinò il serto,
e le perle s'intrisero di sangue,
sulle ferite fresche del marito.
Ed, oltre il mare, balbettò un Bambino
con torbide parole di spavento;
e, nella casa toscana una Madre,
ebbe paura del proprio Figliuolo.
Ma fu Colui che suscitò il destino:
sul suo cammino dei cuori ha calpestato;
passò beffardo e inconturbato.

Perchè sorresse per tutti i millenni

341

il carico dell'onte e fu l'Eterno;
venne percosso e fu sferzato a sangue,
per quanto non avesse mai peccato.
Portò ed offerse a noi Cristo e Barabba,
le reali e le apocrife sentenze;
nè lo vedemmo a piangere.
Li occhi non davano ormai più lagrime,
dai lontani millennii lagrimati.
Lo vedemmo sorridere;
rimase chiuso, appeso al giubbetto improvvisato.

L'Eumenidi di Grecia gli ghignarono in torno,
come ad Oreste sulle porte dell'Hades:
ed Ecuba vociò; strinse le pugne Prometeo allo Zeus;
a indovinare cieco, ed a rispondere,
si svolse dalla Sfinge e dalla figlia Edipo,
urta nel Giovanetto:
Egli fissò nelle pupille morte,
colle acute saette dello sguardo,
e di un gesto convinto gli si espose,
tumido e fiero del suo secreto.
Sempre beffardo, suase al Fato; non lo spiegò.

 342

Passa fiaba ed istoria,
Delle donne Ti piangono; un'altra Ti maledice.
Il Tempo sereno, frigido Ti ripone
di tra suoi numeri, dove s'acqueta la passione: stai.
Troppo vicini a Te, noi non possiamo
e non vogliamo conoscerti a fondo.

Dei fiori rossi, dalla rossa aurora,
piovon le nubi sopra la bara:
gettiam la bara al mare.
Mare divino, accoglila.
Le onde s'increstano, oh volontarie!
Ei volle, pervicace, come voi.

Corone vive di sangue, garofani,
navighin tra le spume, sopra al mare,
là dove fu gittato.
Oh! l'ardente rosaio pel glauco ondeggiare.
E tutte queste bocche d'affamati,
bocche sizienti di baci e di pace,
a piangere, ad urlare
Prefiche estreme sulli scogli del mare.

343

L'occhio torvo di sole si ricopre
di una scarlatta palpebra.
Ogni cosa è passata,
la memoria conserva un poema;
voci, parole sperse nel vento,
anche bisbigli sereni e conciliati,
lenti singhiozzi di Carità,
propiziate verbene
sopra il mistero dell'impaziente Umanità.

Breglia, il 24 di Maggio 1901

 344

Congedo le Revolverate

« Ho sorriso qualche volta, egli scrive,
alle terribili audacie del suo pensiero.
Erano così eleganti! Mi sembravano
quasi bombe incastonate in oro,
e per questo senza efficacia di ferire ».

I. Cappa, *Italia del Popolo,*
29 ottobre 1902.

345

Canti d'angoscia, di sprezzo e di livore,
vi mando per la Patria
come saette intossicate e barbare;
ho troppo amato e soferto,
sul cuore della Patria dilaniato,
per concedermi il lusso della imparzialità

Chi dovrà dunque ascoltarmi,
se non colui che manca d'ogni cosa?
Colui al quale, ecco, io tributo l'armi,
non le preghiere, per osare e prendere?

Questo è il mazzo di vepri, di rose,
di cardi, di mortelle:
non vi ho aggiunto l'elleboro:
perchè desidero non vi scordiate mai.

Chi vorrà dunque appressare le nari
ed odorare e pungersi e lacerarsi le guancie

347

dentro i profumi e le corolle aspre?
Chi risentire le angoscie provate?

Ho cantato la Morte e l'ho protetta
sopra alle soglie della veniente Vita;
ho ridetto che senza questa divina ministra
non altre culle vagiran domani.

Chi dunque vorrà proibirmi
d'aggiungere al peana l'epicedio,
la canzon della strage all'inno della nascita?

E vi diranno che ho nascosto bombe,
sotto i fiori selvaggi, e che vi ho convitati
a nozze gaie, per assassinarvi
in codesto banchetto avvelenato d'insolita poesia,
per un Valhalla erotto in mezzo la Città.

Ma chi potrà imputarmi
il cieco delitto della incoscienza,
della bombarda scoppiata pazza,
d'odio, d'entusiasmo e frenesia

348

in mezzo alla folla ed in mezzo alla piazza?
Sciocchezza anarchica,
sacrificatasi co'suoi nemici, non fa per me

No; l'arme ch'io impugno è perfetta;
l'arte la volle così;
brunita e rabescata, saggiata dal perito,
di calibro grosso, per bestie grosse;
e il mio bersaglio è scelto e lucido.

Lo designai, con cura, tra il greggie:
l'ho postillato con croci porpuree,
Tarquinio, col giunco, decapitava,
parlando col Messo del Senato,
i massimi papaveri di tra le siepi.

Dunque, ho premeditato;
premeditai le vittime, scelsi l'arme sicura,
vengo a colpire, senza paura,
giusto delitto allegro per la mia superbia.
Certo, l'ipocrisia d'ogni e qualunque uomo
e la falsa modestia, e il larvato corrompere,

 349

e il rubare con grazia col codice benigno,
e l'impostura, badessa venerabile;
l'uccider lento e calmo per fame,
lo straziare coi triboli morali;
e tutti li aguzzini intemerati,
e le baldracche che hanno seguito e conto,
questa *Gente–per–bene* pasciuta e riverita,
tutta questa canaglia favorita,
e i vostri tradimenti, e la universa vigliaccheria,
tutti, a cartone lucido e specchiante
per le palle blindate di feroce ironia,
codesta società di saltimbanchi,
che schiaffeggio ed accuso ad alta voce.

Uscite, giovanetti dalle coscienze bianche spappolate,
uscite, giovanetti edulcorati,
laminati dal buon terz'ordine boschino,
riconfortati all'aure impoverite
de' respiri melensi e cittadini;
nonzoli, uscite, libidinosi
bitorzoluti dall'onanismo,
emunti liceisti di mal francese,

350

madamigelle pallide di leucorrea,
chierichetti mignoni insatiriti,
vittime, collegiali, compiacenti;
uscite, galantuomini meschini
e nevrastenici di monarchia,
belle speranze e prodotti d'Italia,
eroi da un soldo, poetini in fregola,
poetesse di rossor' catameniali,
pie prostitute de' confessionali
scintillanti ufficiali inuzzoliti,
monaci, monacelle,
abati modernisti,
incappucciati Anticristi del vecchio rituale;
uscite fuori funzionaretti indebitati,
facili prosseneti delle spose
languide, intenzionali e feministe,
cornuti compiacenti per il benessere della famiglia
che s'aumenta e insiste capriciosetta;
uscite fuor per la densa fanghiglia
dell'alba lutulenta e miseranda:
— lumache viscide tentano il passo,
molli tentacoli sporgono a prova;

351

or si, or no, si giova il mollusco flacido,
chiocciola o piovra lattiginosa e crudele;
or no, or si, pretende l'invertebrato il pasto: —
no, *Gente–per–bene!* domani,
saran tutte le strade sbarrate, ingombre di cadaveri;
vostri cadaveri affratellati:
sian tutte queste carogne sociali
che abbattei con piacer, l'una sull'altra,
con giuste e numerate revolverate.

Breglia, il 13 di Giugno 1908

 352

INDICE

353

354

Spotted something that isn't quite right?

Let us know and we'll fix it for future reprints. And as a thank you for your diligence, we'll send you a free Sothis book of your choice.

publisher@sothis.press

This page intentionally left blank

Made in the USA
Monee, IL
08 November 2026

67812137R00208